Geografia

Ensino Médio

João Carlos Moreira

Bacharel em Geografia pela Universidade de São Paulo
Mestre em Geografia Humana pela Universidade de São Paulo
Professor de Geografia da rede pública e privada de ensino por quinze anos
Advogado (OAB/SP)

Eustáquio de Sene

Bacharel e licenciado em Geografia pela Universidade de São Paulo
Doutor em Geografia Humana pela Universidade de São Paulo
Professor de Geografia da rede pública e privada de Ensino Médio por quinze anos
Professor de Metodologia do Ensino da Geografia na Faculdade de Educação da Universidade de São Paulo

Diretoria editorial e de conteúdo: Lidiane Vivaldini Olo
Editoria de Ciências Humanas: Heloísa Pimentel
Editora: Francisca Edilania B. Rodrigues
Supervisão de arte e produção: Sérgio Yutaka
Editores de arte: Yong Lee Kim e Claudemir Camargo
Supervisor de arte e criação: Didier Moraes
Coordenadora de arte e criação: Andréa Dellamagna
Diagramação: Arte Ação
Design gráfico: UC Produção Editorial e Rafael Leal
Gerente de revisão: Hélia de Jesus Gonsaga
Equipe de revisão: Rosângela Muricy (coord.), Ana Paula Chabaribery Malfa, Gabriela Macedo de Andrade, Gloria Cunha e Vanessa de Paula Santos; Flávia Venézio dos Santos (estag.)
Supervisão de iconografia: Sílvio Kligin
Pesquisa iconográfica: Angelita Cardoso
Tratamento de imagem: Cesar Wolf e Fernanda Crevin
Foto da capa: Pete Ryan/National Geographic/Getty Images
Grafismos: Shutterstock/Glow Images
(utilizados na capa e aberturas de capítulos e seções)
Ilustrações: Allmaps, Douglas Galindo e Mario Kanno
Cartografia: Allmaps

Avenida das Nações Unidas, 7221, 3º andar, Setor D
Pinheiros – CEP 05425-902 – São Paulo – SP
Tel.: 4003-3061
www.scipione.com.br / atendimento@scipione.com.br

Dados Internacionais de Catalogação na Publicação (CIP)
(Câmara Brasileira do Livro, SP, Brasil)

Moreira, João Carlos
Projeto Múltiplo : geografia, volume único : partes 1, 2 e 3 / João Carlos Moreira, Eustáquio de Sene. – 1. ed. – São Paulo : Scipione, 2014.

1. Geografia (Ensino médio) I. Sene, Eustáquio de. II. Título.

14-06251 CDD-910.712

Índice para catálogo sistemático:
1. Geografia : Ensino médio 910.712

2023
ISBN 978 85 262 9396-0 (AL)
ISBN 978 85 262 9397-7 (PR)
Código da obra CL 738776
CAE 502764 (AL)
CAE 502787 (PR)
1ª edição
9ª impressão

Impressão e acabamento Gráfica Eskenazi

Apresentação

Este **Caderno de Estudo** foi pensado para ajudá-lo na retenção dos conhecimentos adquiridos por meio do livro-texto e das aulas dadas pelo professor. É composto de esquemas-resumo que oferecem uma visão ampla e articulada dos temas estudados e contribuem para que seu aprendizado seja significativo. Além dos esquemas-resumo, este Caderno traz uma seleção de testes e questões dos principais vestibulares do país para ajudá-lo a se preparar para futuros exames. Ao final, há uma seleção de testes do *Desafio National Geographic* que também contribuem para consolidar seu aprendizado.

Esperamos que este material lhe seja útil.
Bom estudo!

Sumário

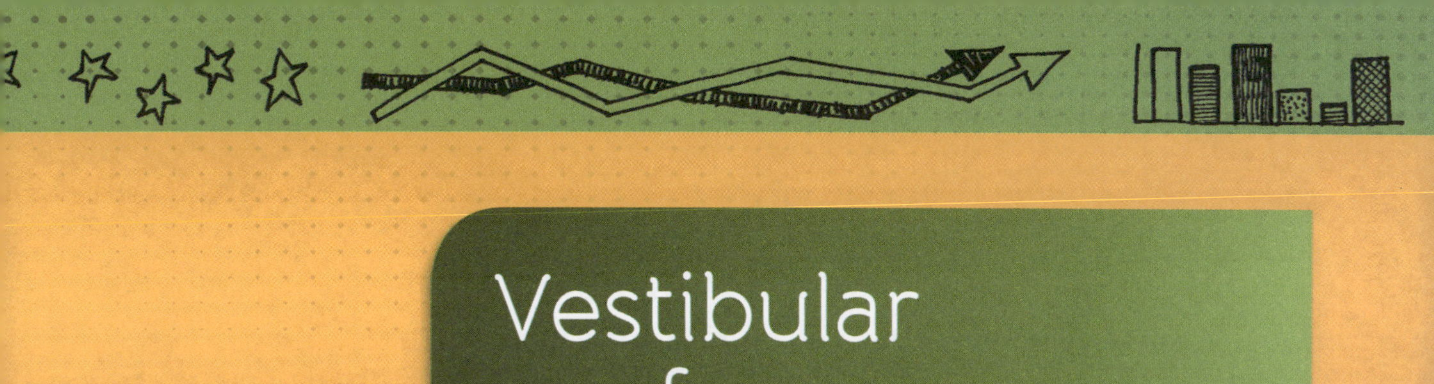

Vestibular em foco

Theo Szczepanski/Arquivo da Editora

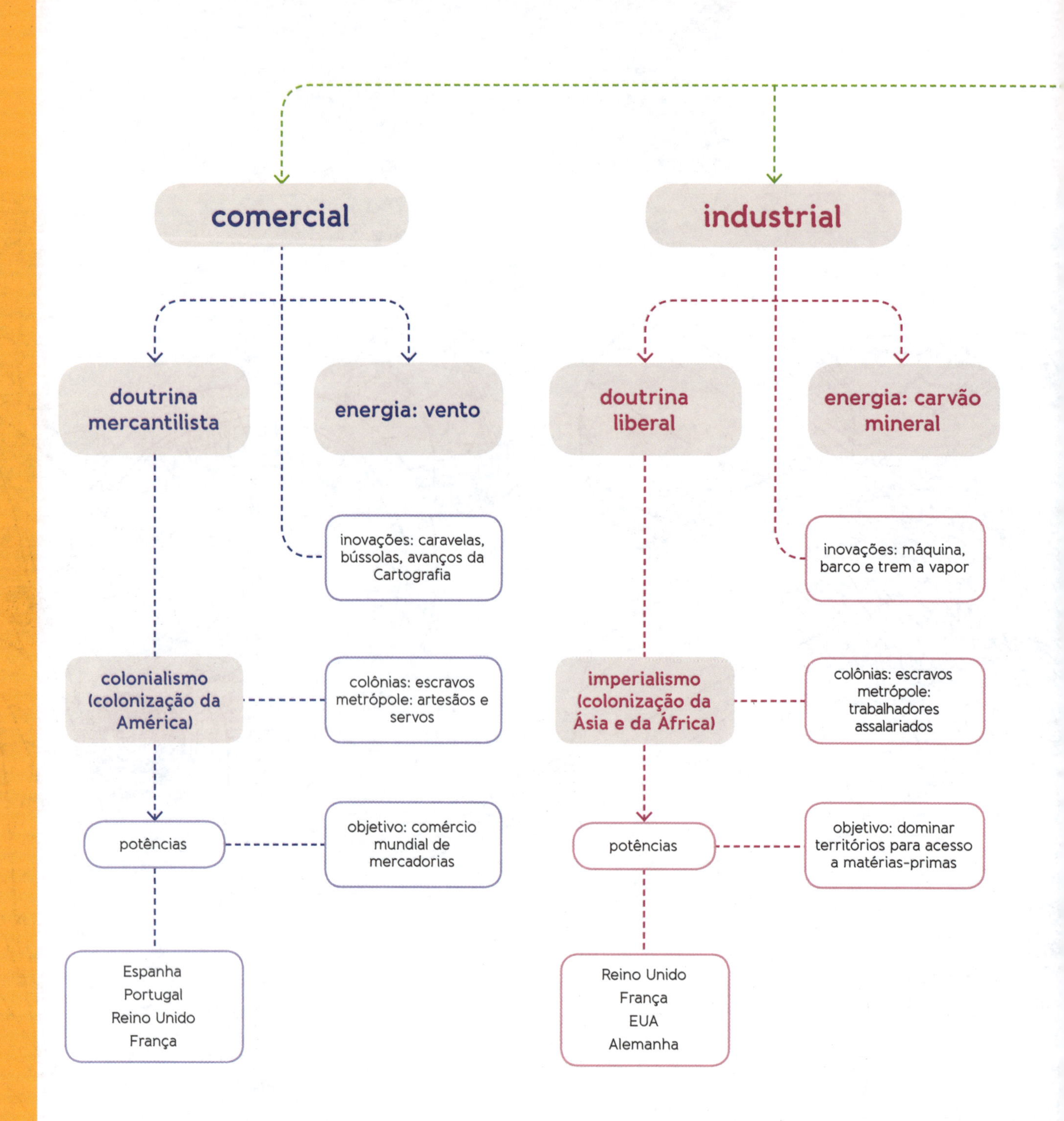
comercial
industrial
doutrina mercantilista
energia: vento
doutrina liberal
energia: carvão mineral
inovações: caravelas, bússolas, avanços da Cartografia
inovações: máquina, barco e trem a vapor
colonialismo (colonização da América)
colônias: escravos
metrópole: artesãos e servos
imperialismo (colonização da Ásia e da África)
colônias: escravos
metrópole: trabalhadores assalariados
potências
objetivo: comércio mundial de mercadorias
potências
objetivo: dominar territórios para acesso a matérias-primas
Espanha
Portugal
Reino Unido
França
Reino Unido
França
EUA
Alemanha

etapas do desenvolvimento do capitalismo

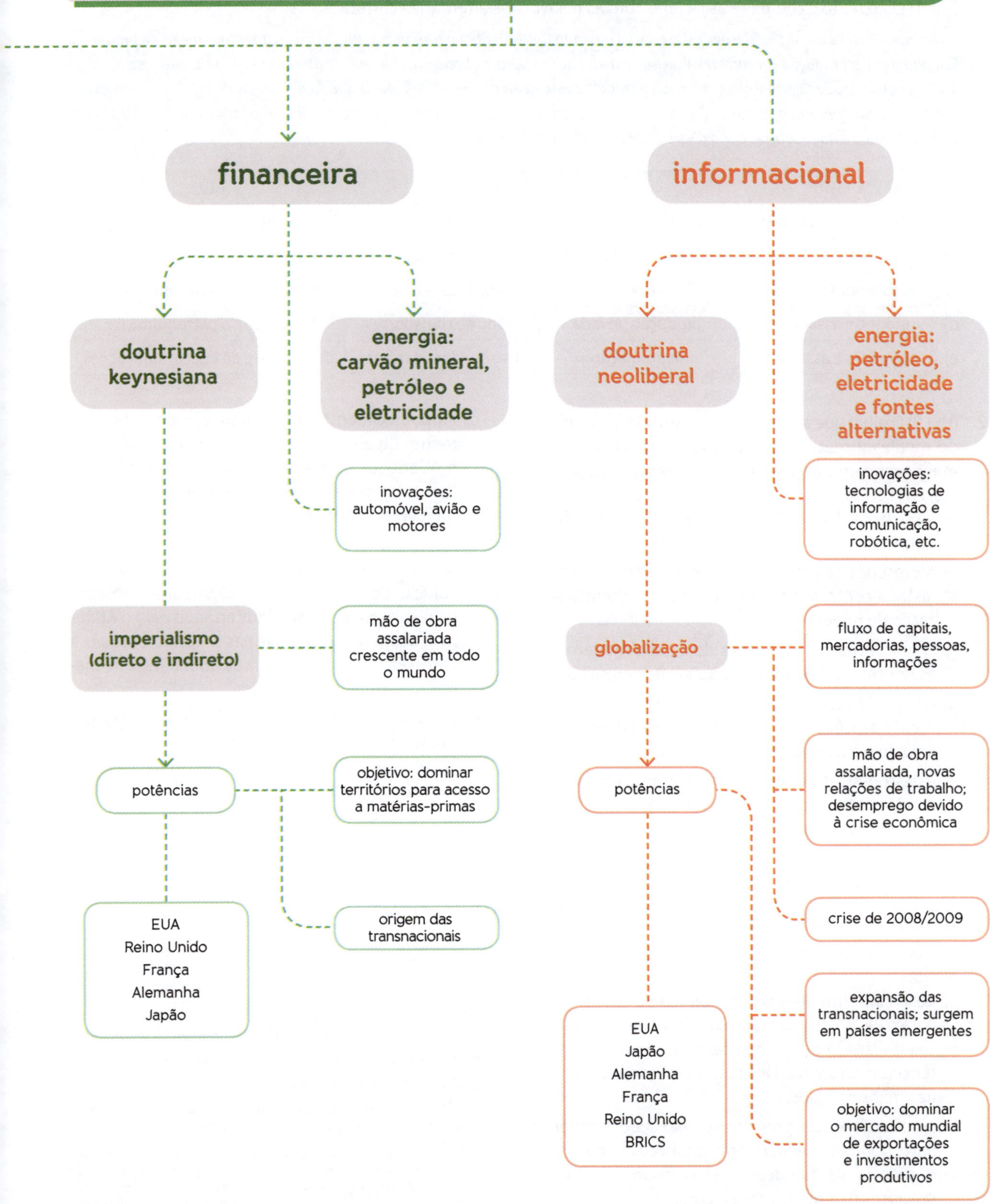

financeira

doutrina keynesiana

energia: carvão mineral, petróleo e eletricidade

inovações: automóvel, avião e motores

imperialismo (direto e indireto)

mão de obra assalariada crescente em todo o mundo

potências

objetivo: dominar territórios para acesso a matérias-primas

origem das transnacionais

EUA
Reino Unido
França
Alemanha
Japão

informacional

doutrina neoliberal

energia: petróleo, eletricidade e fontes alternativas

inovações: tecnologias de informação e comunicação, robótica, etc.

globalização

fluxo de capitais, mercadorias, pessoas, informações

mão de obra assalariada, novas relações de trabalho; desemprego devido à crise econômica

crise de 2008/2009

potências

expansão das transnacionais; surgem em países emergentes

objetivo: dominar o mercado mundial de exportações e investimentos produtivos

EUA
Japão
Alemanha
França
Reino Unido
BRICS

Exercícios

Testes

1. (IFSP) Leia o texto e complete as lacunas com as palavras da alternativa correta.

O Capitalismo é um sistema econômico e social baseado tipicamente no trabalho .....(I)...... e na ......(II)...... dos meios de produção. Seu objetivo é a produção e a comercialização de mercadorias para a obtenção de lucros. Contudo, em sua primeira fase (de 1500 a 1750), denominada Capitalismo Comercial, o trabalho estava ainda em grande parte ligado aos meios de produção. Por isso, o capital entrava, sobretudo, como ......(III)...... entre a produção e o consumo final. Na fase do Capitalismo Industrial (de 1750 a 1870), o capital penetra na produção e cria diversos ramos industriais, tais como o......(IV)...... .

	I	II	III	IV
a)	escravo e camponês	propriedade particular	meio administrativo	têxtil e o eletroeletrônico.
b)	livre e assalariado	propriedade privada	intermediário	alimentício e o siderúrgico.
c)	assalariado autônomo	troca	meio independente	metalúrgico e o automobilístico.
d)	próprio e assalariado	produção privada	dono de transportes	elétrico e o petroquímico.
e)	camponês e assalariado	acumulação	distribuidor de tarefas	de aviação e de telecomunicações.

2. (UEPB) O olhar que os europeus tinham sobre o mundo medieval mudou com o advento do chamado mundo moderno, devido à inserção de novos elementos, tais como:
   a) A presença dos cavaleiros, a economia autossuficiente, a força dos artesãos e o teocentrismo.
   b) A presença dos cavaleiros, o pensamento humanista; a contrarreforma católica e a descentralização do poder político.
   c) O teocentrismo, a presença do Estado Moderno, as reformas religiosas e o tribunal de Inquisição.
   d) A imprensa como espaço de divulgação do pensamento teocêntrico, a descentralização do poder político e a Guerra dos Cem Anos.
   e) A descoberta do Novo Mundo, a presença de novos atores sociais como a burguesia e a utilização da bússola, da pólvora e da imprensa.

3. (Aman-RJ) As grandes navegações produziram o expansionismo do século XV e contribuíram para acelerar a transição do feudalismo/capitalismo. Provocaram mudanças no comércio europeu, tais como:
   a) deslocamento do eixo econômico do Atlântico para o Pacífico; ascensão econômica das repúblicas italianas paralelamente ao declínio das potências mercantis atlânticas; acúmulo de capitais nas mãos da realeza.
   b) perda do monopólio do comércio de especiarias por parte dos italianos; declínio econômico das potências mercantis atlânticas; intenso afluxo de metais preciosos da América para a Europa.
   c) empobrecimento da burguesia europeia; deslocamento do eixo econômico do Mediterrâneo para o Atlântico; ascensão econômica das repúblicas italianas, paralelamente ao declínio das potências mercantis atlânticas.
   d) intenso afluxo de metais preciosos da América para a Europa, o que determinou a chamada "revolução dos preços do século XVI"; deslocamento do eixo econômico do Mediterrâneo para o Atlântico; acúmulo de capitais nas mãos da burguesia europeia, em consequência da abundância de metais que afluiu para a Europa.
   e) ascensão econômica das repúblicas italianas, paralelamente ao declínio econômico de países como Portugal, Espanha, Inglaterra e Holanda; incorporação das áreas do continente americano e do litoral africano às rotas já tradicionais de comércio da Europa-Ásia; acumulação de capitais nas mãos da nobreza e realeza europeias.

4. (Unicamp-SP)

Alexandre von Humboldt (1769-1859) foi um cientista que analisou o processo das descobertas marítimas do século XVI, classificando-o como um avanço científico ímpar. A descoberta do Novo Mundo foi marcante porque os trabalhos realizados para conhecer sua geografia tiveram incontestável influência no aperfeiçoamento dos mapas e nos métodos astronômicos para determinar a posição dos lugares. Humboldt constatou a importância das viagens imputando-lhes valor científico e histórico.

Adaptado de: H. B. Domingues, "Viagens científicas: descobrimento e colonização no Brasil no século XIX", em Alda Heizer e Antonio A. Passos Videira, *Ciência, civilização e império nos trópicos*. Rio de Janeiro: Acess Editora, 2001. p. 59.

Assinale a alternativa correta.

a) O tema dos descobrimentos relaciona-se ao estudo da inferioridade da natureza americana, que justificava a exploração colonial e o trabalho compulsório.

b) Humboldt retoma o marco histórico dos descobrimentos e das viagens marítimas e reconhece suas contribuições para a expansão do conhecimento científico.

c) Os conhecimentos anteriores às proposições de Galileu foram preservados nos mapas, métodos astronômicos e conhecimentos geográficos do mundo resultantes dos descobrimentos.

d) Os descobrimentos tiveram grande repercussão no mundo contemporâneo por estabelecer os parâmetros religiosos e sociais com os quais se explica o processo da independência nas Américas.

5. (UFSM-RS) Analise e complete o esquema histórico correspondente ao mundo do final do século XIX e início do século XX.

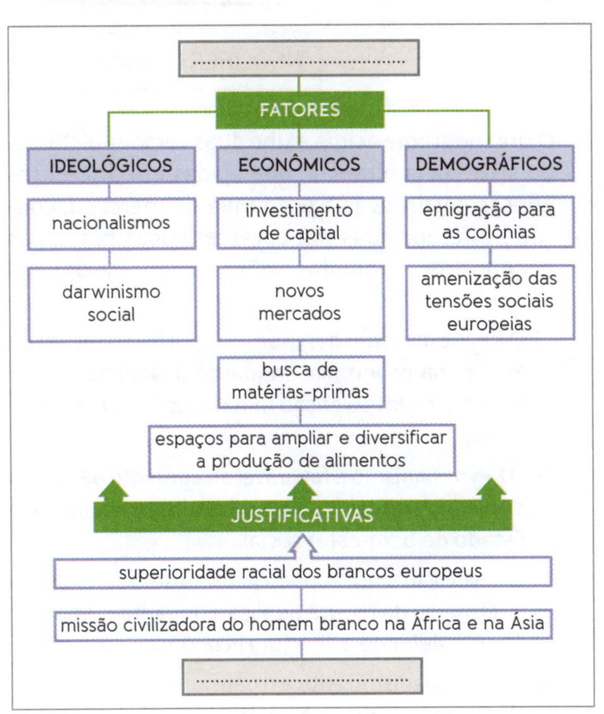

Adaptado de: <http://historiacfb.blogspot.com.br>. Acesso em: 30 jul. 2014.

Completam o quadro superior e inferior do esquema histórico, respectivamente, os seguintes conceitos:

a) Mercantilismo e Iluminismo.

b) Imperialismo e Racismo.

c) Colonialismo e Destino Manifesto.

d) Capitalismo e Predestinação.

e) Globalização e Neoliberalismo.

6. (Fatec-SP)

As caravelas foram um grande avanço tecnológico no final do século XV. Graças a elas, foi possível realizar viagens de longa distância de forma eficiente. Centenas de homens embarcaram nas caravelas dos descobrimentos. Alguns buscavam enriquecimento rápido, outros, oportunidade de difundir a fé em Cristo. Estes homens eram atraídos pela aventura, porém as surpresas nem sempre eram agradáveis. Nas embarcações, proliferavam doenças e a alimentação era precária.

Adaptado de: *Revista de História da Biblioteca Nacional*, setembro de 2012, p. 22-25.

Sobre a época descrita no texto e considerando as informações apresentadas, é correto afirmar que as viagens nas caravelas

a) foram realizadas no contexto da expansão do mercantilismo europeu, visando também à ampliação do catolicismo.

b) não pretendiam descobrir novos territórios, apenas estabelecer rotas para aventureiros e marginalizados da sociedade.

c) tinham como principal objetivo retirar as populações muçulmanas da Península Ibérica, após as Guerras de Reconquista.

d) eram feitas em condições precárias, pois eram clandestinas, ou seja, eram realizadas sem o consentimento das Coroas europeias.

e) não ocorriam em condições apropriadas, embora a maior parte dos tripulantes das caravelas pertencesse à nobreza feudal.

7. (PUC-RJ)

A imagem acima é uma caricatura sobre a política imperialista europeia na África no final do século XIX e início do século XX. Nela, Cecil Rhodes, um dos mais conhecidos exploradores do continente, coloca suas botas sobre o mapa da África ao mesmo tempo que segura uma linha que representa o sonho inglês de construir uma estrada de ferro entre o Egito e o sul da África. Usando-a como referência, é **INCORRETO** fazer a seguinte afirmação sobre o imperialismo:

a) buscou-se a integração dos mercados coloniais para o desenvolvimento das potências europeias.

b) o continente africano foi ocupado e seus territórios tornados domínios das principais potências.

c) abandonou-se as ações militares em favor de uma política apoiada no uso da diplomacia internacional.

d) o colonialismo foi apresentado como "missão" civilizadora e progressista das potências do Ocidente.

e) os europeus foram exaltados como membros de uma sociedade tecnologicamente e militarmente superior às nações africanas.

8. (Udesc) Observe a imagem:

A imagem refere-se a um *cartoon*, de autoria de W. A. Rogers, de 1904, e faz referência à política do *big stick* ("grande porrete" numa tradução literal) do presidente norte-americano Theodore Roosevelt (governou os EUA entre 1901 e 1909). Assinale a alternativa **correta**, considerando as representações no *cartoon* e a política a qual ele se refere.

a) Refere-se à política de tutela norte-americana na América do Sul, nas décadas de 1950 a 1970. Tal política implicava intervenção direta dos EUA nas questões políticas dos países sul-americanos, inclusive no que se relaciona à destituição de governos democráticos e à instituição de ditaduras civis e militares.

b) Refere-se à política de tutela norte-americana na América Central, no início do século XX. Tal política implicava a intervenção direta dos EUA nas questões políticas e econômicas internas dos países centro-americanos, protegendo governos aliados e derrubando os adversários.

c) Refere-se à política norte-americana de expansão territorial, no início do século XX. Tal política traduz-se pela incorporação de porções territoriais do México (caso do Texas), bem como Havaí e Alasca, que foram anexados aos EUA nesse período.

d) Deve ser entendida no contexto da Guerra da Secessão, no final do século XIX. Tal política refere-se a incentivos concedidos à indústria nortista, que passou a apresentar altos índices de crescimento.

e) Deve ser entendida no contexto da expansão dos EUA, já a partir do final do século XIX. Tal política implicou a consolidação das instituições republicanas e a expansão e conquista do Oeste. Com isso os norte-americanos expandiram seu território, avançaram sobre as fronteiras do México (por isso *big stick*) e industrializaram-se.

9. (UPE) Observe com atenção o organograma a seguir:

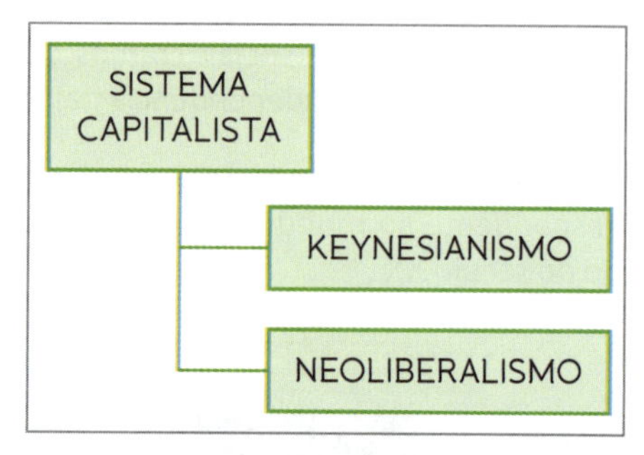

O organograma acima exibe duas versões distintas do sistema capitalista, planejadas em diferentes épocas, intrínsecas à economia de mercado, contudo diferenciadas por características marcadas por oposições conjuntas. Sobre elas, analise os itens a seguir:

I. O Keynesianismo defende a ampla intervenção do Estado na economia, enquanto o Neoliberalismo aceita uma intervenção mínima do Estado na economia.

II. O Keynesianismo é favorável ao aumento de gastos públicos, enquanto o Neoliberalismo estimula o Estado de bem-estar social.

III. O Keynesianismo propõe a geração de empregos por intermédio da receita pública, enquanto o Neoliberalismo defende a abertura econômica dos países.

IV. O Keynesianismo critica o pensamento econômico clássico, enquanto o Neoliberalismo busca aplicar os princípios do liberalismo clássico.

V. O Keynesianismo critica o princípio da "mão invisível", enquanto o Neoliberalismo critica a privatização de estatais.

Apenas está correto o que se afirma em

a) I.
b) III.
c) I e II.
d) I, III e IV.
e) I, II, III e V.

10. (Udesc) Na década de 1980, Ronald Reagan (nos Estados Unidos) e Margareth Thatcher (na Inglaterra) levaram a cabo políticas formuladas com base nas ideias econômicas desenvolvidas em meados dos anos 1970, que defendiam transformações substanciais no capitalismo, a fim de superar a crise da década. Esse conjunto de ideias e medidas – adotado pela maioria dos países desenvolvidos no período – pode ser explicado, de modo geral, (1)....................................... e ficou conhecido como (2)......................................

Assinale a alternativa **correta** que preenche os espaços (1) e (2) na sequência estabelecida, com as respectivas definições.

a) (1) pela intervenção direta do Estado na economia nacional, política econômica baseada na teoria do economista inglês John Keynes; (2) *New Deal*.

b) (1) pelo aumento da produção industrial e pela participação no comércio internacional, bem como políticas de valorização da moeda por parte do Estado, com o objetivo de fortalecer a economia nacional; (2) capitalismo monopolista.

c) (1) pela não intervenção do Estado na economia; ao Estado cabia apenas a gerência sobre a formação dos trustes e cartéis; (2) mão invisível do mercado.

d) (1) pela não intervenção do Estado na economia, o que incluía deixar de defender a manutenção dos empregos, e o corte significativo de gastos públicos na área social; (2) neoliberalismo.

e) (1) pela intervenção estatal na economia; para proteger o mercado interno, o governo armazenou a produção do setor agrícola, a fim de aumentar os preços no mercado interno e a elevação de taxas de importação, etc.; (2) neoliberalismo.

11. (Fuvest-SP)

> *Foi precisamente a divisão da economia mundial em múltiplas jurisdições políticas, competindo entre si pelo capital circulante, que deu aos agentes capitalistas as maiores oportunidades de continuar a expandir o valor de seu capital, nos períodos de estagnação material generalizada da economia mundial.*

Giovanni Arrighi. *O longo século XX*: dinheiro, poder e as origens do nosso tempo. Rio de Janeiro/São Paulo: Contraponto/Edunesp, 1996. p. 237.

Conforme o texto, uma das características mais marcantes da história da formação e desenvolvimento do sistema capitalista é a

a) incapacidade de o capitalismo se desenvolver em períodos em que os Estados intervêm fortemente na economia de seus países.

b) responsabilidade exclusiva dos agentes capitalistas privados na recuperação do capitalismo, após períodos de crise mundial.

c) dependência que o capitalismo tem da ação dos Estados para a superação de crises econômicas mundiais.

d) dissolução frequente das divisões políticas tradicionais em decorrência da necessidade de desenvolvimento do capitalismo.

e) ocorrência de oportunidades de desenvolvimento financeiro do capital a partir de crises políticas generalizadas.

12. (UERJ)

Calvin & Hobbes, Bill Watterson © 1993 Watterson/Dist. by Universal Uclick

A história em quadrinhos apresenta uma característica fundamental do modo de produção capitalista na atualidade e uma política estatal em curso em muitos países desenvolvidos.

Essa característica e essa política estão indicadas em:

a) liberdade de comércio – ações afirmativas para grupos sociais menos favorecidos.

b) sociedade de classe – sistemas de garantias trabalhistas para a mão de obra sindicalizada.

c) economia de mercado – programas de apoio aos setores econômicos pouco competitivos.

d) trabalho assalariado – campanhas de estímulo à responsabilidade social do empresariado.

13. (UEG-GO) A atual crise econômica do mundo capitalista eclodida em 2009 nos EUA e na Europa colocou em xeque o crescimento econômico dessas regiões, provocando a queda do PIB em diversos países. A partir de então, a China passou a ser vista como uma das principais possíveis soluções para a superação dessa crise econômica. Isso se deve ao fato de que esse país

a) apresenta um potencial mercado consumidor em expansão, que pode absorver a produção industrial dos EUA e da Europa, além de possuir grandes reservas econômicas para investimento que podem injetar recursos na economia de muitos países.

b) é o principal importador de matéria-prima e produtos manufaturados dos EUA e da Europa, sobretudo minério de ferro e grãos (como o arroz e o milho), o que poderá assegurar a continuidade do crescimento do PIB de vários países.

c) detém um contingente populacional com mão de obra qualificada que poderá ser enviada aos EUA e à Europa para suprir a demanda do setor produtivo local, ocupando cargos e funções nos diversos setores da economia.

d) possui um grande parque industrial com mão de obra barata e sem interferência sindical, que poderá permitir que a China se torne o principal fornecedor de produtos industrializados para os EUA e a Europa.

14. (Uern) Analise atentamente a charge.

Deligne/Cagle Cartoons

Pode-se concluir que ela destaca a crise econômica

a) no continente europeu, tendo como destaque a Grécia.

b) mundial, com a Europa resolvendo internamente os seus problemas.

c) europeia, com a Grécia conseguindo se reerguer.

d) que está atingindo todo o mundo, menos a Europa.

Questões

15. (Unicamp-SP)

Líder hegemônico da ordem mundial no século XX, os Estados Unidos, desde 1945, tornaram-se o principal pilar do sistema financeiro e bancário mundial e, desde 1971, com o fim do padrão dólar-ouro, instituído no Acordo de Bretton Woods (1944), ficou aberto o caminho para uma crescente circulação de dólares americanos no mundo.

A emergência de novos polos de produção industrial no mundo e a perda de competitividade da produção americana implicaram um crescimento da dívida pública e privada norte-americana. O motor principal da crise sistêmica atual que afeta o conjunto do planeta encontra-se nos Estados Unidos.

Adaptado de: Global Europe Antecipation Bulletin (GEAB). *A crise actual explicada em mil palavras*, n. 17. Disponível em: <www.resistir.info/crise/geab_15set07.html>. Acesso em: 29 jul. 2014.

a) Constata-se que há vários anos a economia norte-americana vem perdendo dinamismo. Quais os principais fatores dessa perda de dinamismo?

b) Qual o principal fator desencadeante da atual crise sistêmica que se aprofundou em 2008? Qual foi o efeito imediato da crise, no aspecto financeiro?

16. (UFJF-MG) A Grécia teve uma queda do PIB de 8,1% no primeiro trimestre e 7,3% no segundo (2011), e a previsão oficial é de queda de 5,3% no ano. O desemprego subiu de 11,6%, em junho de 2010, para 16% um ano depois. E o *deficit* público cresceu 22% nos primeiros oito meses de 2011.

a) Por que a Grécia está nessa situação? Observe o cartograma abaixo:

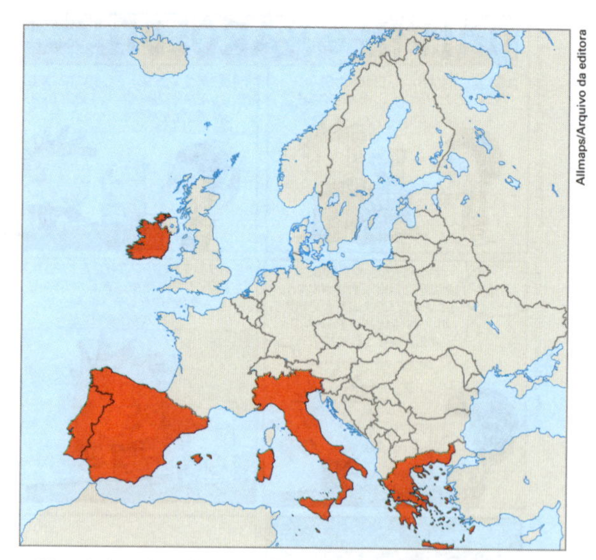
Allmaps/Arquivo da editora

Disponível em: <http://barecon.files.wordpress.com/2010/05/piigsmap.png>. Acesso em: 29 jul. 2014.

b) No mapa, são destacados, além da Grécia, outros países europeus que também apresentam sérios problemas decorrentes da crise econômica mundial. Esses países são denominados de PIIGS. Esses países são: ________________.

Cassiano Rôda/Arquivo da editora

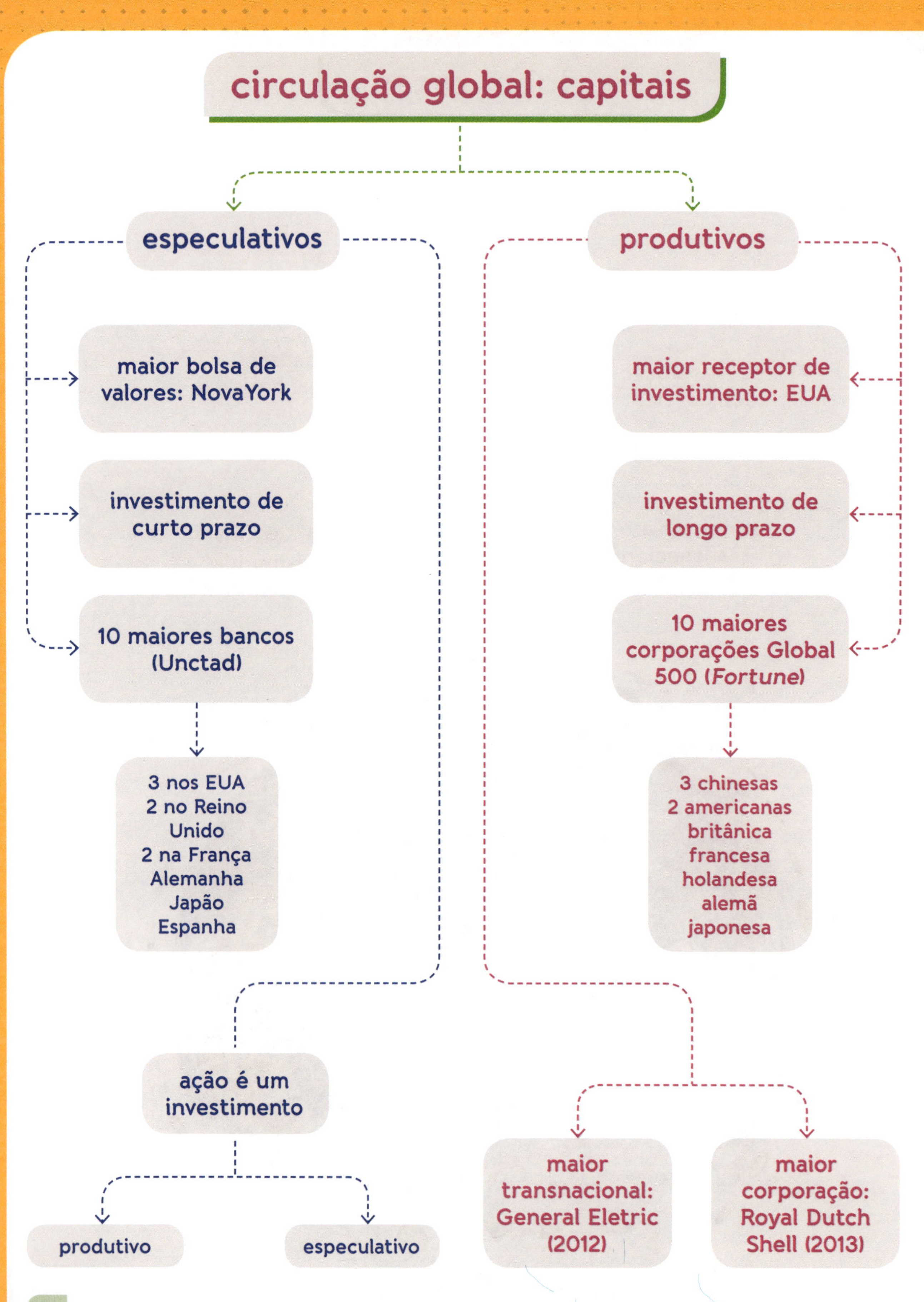
circulação global: capitais
especulativos
maior bolsa de valores: NovaYork
investimento de curto prazo
10 maiores bancos (Unctad)
3 nos EUA
2 no Reino Unido
2 na França
Alemanha
Japão
Espanha
ação é um investimento
produtivo
especulativo
produtivos
maior receptor de investimento: EUA
investimento de longo prazo
10 maiores corporações Global 500 (Fortune)
3 chinesas
2 americanas
britânica
francesa
holandesa
alemã
japonesa
maior transnacional: General Eletric (2012)
maior corporação: Royal Dutch Shell (2013)

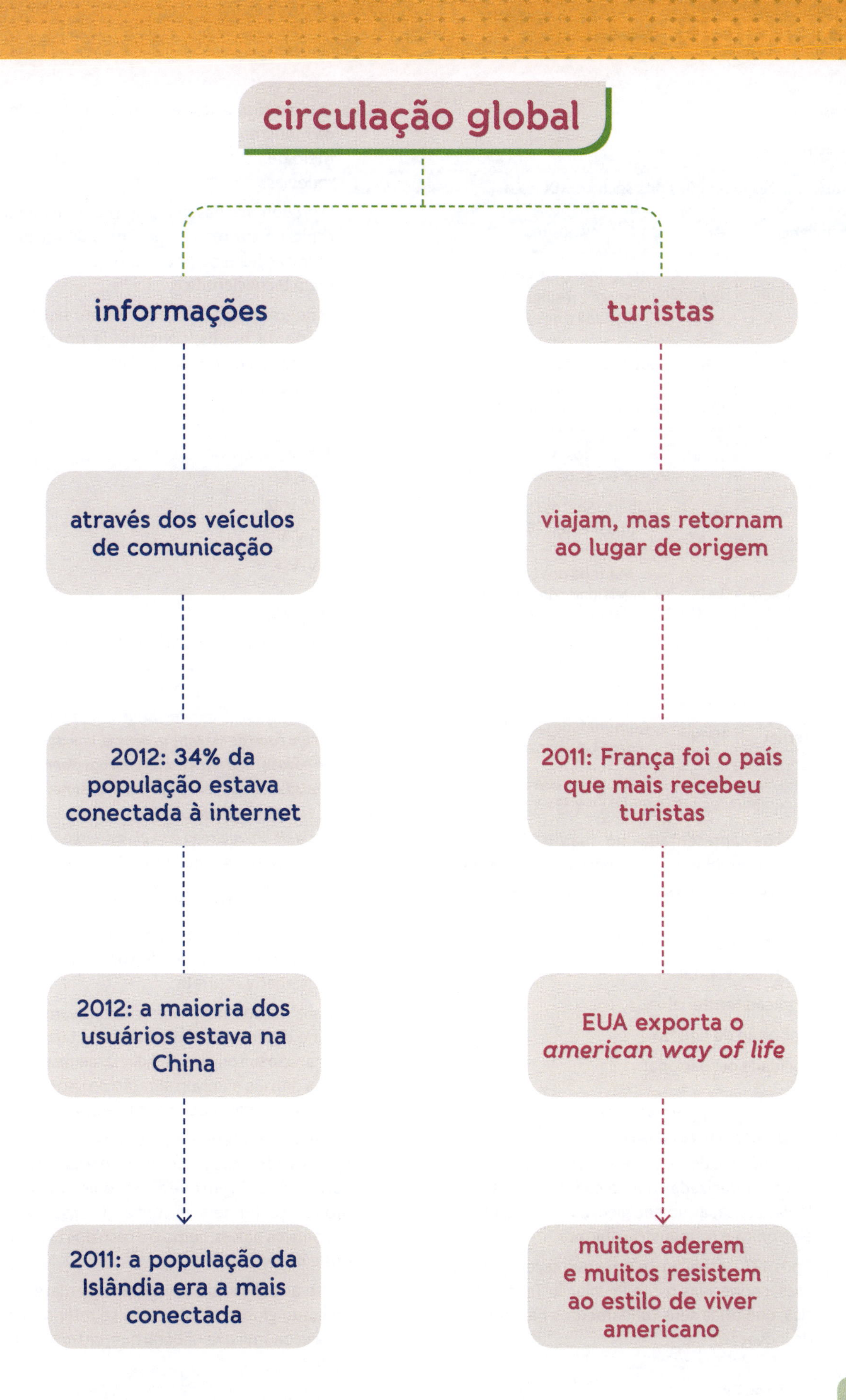
circulação global
informações
turistas
através dos veículos de comunicação
viajam, mas retornam ao lugar de origem
2012: 34% da população estava conectada à internet
2011: França foi o país que mais recebeu turistas
2012: a maioria dos usuários estava na China
EUA exporta o *american way of life*
2011: a população da Islândia era a mais conectada
muitos aderem e muitos resistem ao estilo de viver americano

Exercícios

Testes

1. (UERJ)

Importantes invenções dos séculos XIX e XX

Invenções	Ano	Inventores
Telefone	1876	Alexander Graham Bell (escocês, residente no Canadá e nos EUA)
Carro	1886	Gottlieb Daimler (alemão)
Rádio	1896	Guglielmo Marconi (italiano)
Avião	1903	Irmãos Wright (norte-americanos): "Flyer 1"
	1906	Alberto Santos Dumont (brasileiro): "14 bis"
Computador	1945	Marinha dos EUA e Universidade de Harvard: "Harvard Mark 1"
Satélite	1957	Comunidade científica da URSS: "Sputnik"
Internet	1969	Comunidade científica dos EUA: "Arpanet"

Adaptado de: BOMENY, Helena e outros. *Tempos modernos, tempos de sociologia*. São Paulo: Editora do Brasil, 2010.

As invenções apresentadas no quadro afetaram o mundo contemporâneo, em especial, no que se refere à circulação de ideias, pessoas e mercadorias.

Em conjunto, essas invenções tiveram efeito principalmente sobre a ampliação da:

a) intervenção estatal
b) integração territorial
c) distribuição da riqueza
d) mobilidade ocupacional

2. (UPF-RS) Assinale V para as alternativas verdadeiras e F para as alternativas falsas.

( ) Até a década de 1970, a economia mundial continuou organizada sobre o complexo de tecnologias baseadas no petróleo, na eletricidade, na eletrônica e na indústria química.

( ) Após 1970, esboçou-se um novo ciclo de inovações, conhecidas como Revolução Tecnocientífica, que tinha seus fundamentos na revolução de inovação.

( ) O meio técnico caracteriza-se pelo predomínio da indústria e da transferência de matérias por meio de rede de transporte, como ferrovias e rodovias.

( ) O predomínio das finanças e de transferência de capital e informação por meio de redes de comunicações e de alta tecnologia é inerente ao meio tecnocientífico.

( ) Esquematicamente, a rede é um sistema integrado de fluxos, constituída por pontos de acesso, arcos de transmissão e nós ou polos de bifurcação.

É correta:

a) F, V, V, F, F
b) F, F, F, F, F
c) V, V, V, V, V
d) F, F, F, V, V
e) V, F, V, V, F

3. (Unioeste-PR)

A globalização é, de certa forma, o ápice do processo de internacionalização do mundo capitalista. [...] No fim do século XX e graças aos avanços da ciência, produziu-se um sistema de técnicas presidido pelas técnicas da informação, que passaram a exercer um papel de elo entre as demais, unindo-as e assegurando ao novo sistema técnico uma presença planetária. Só que a globalização não é apenas a existência desse novo sistema de técnicas. Ela é também o resultado das ações que asseguram a emergência de um mercado dito global, responsável pelo essencial dos processos políticos atualmente eficazes.

SANTOS, Milton. *Por uma outra globalização*: do pensamento único à consciência universal. Rio de Janeiro: Record, 2000. p. 23-24.

Considerando o enunciado anterior, sobre o processo de globalização na sociedade contemporânea, assinale a alternativa correta.

a) A globalização é um processo exclusivamente baseado no desenvolvimento das novas técnicas de informação e sua origem está diretamente relacionada com a difusão e universalização do uso da internet, que se deu a partir do final da década de 1990.
b) Entre as características próprias da globalização temos a alteração profunda na divisão internacional do trabalho, em que a distribuição das funções produtivas tende a se concentrar cada vez mais em poucos países, como é o caso dos Estados Unidos e do Japão.
c) Sobre as ações que asseguram a emergência do mercado global, o autor está se referindo à doutrina econômica neoliberal que, entre outros prin-

cípios, defende o fortalecimento do Estado e a intervenção estatal como reguladora direta dos mercados – industrial, comercial e financeiro.

d) Atualmente, as relações econômicas mundiais, compreendendo a dinâmica dos meios de produção, das forças produtivas, da tecnologia, da divisão internacional do trabalho e do mercado mundial, são amplamente influenciadas pelas exigências das empresas, corporações ou conglomerados multinacionais.

e) As estratégias protecionistas tomadas pelos governos em todo o mundo, dificultando a entrada de produtos estrangeiros em seus mercados nacionais são consideradas características marcantes do processo de globalização.

4. (UEPB) Essas observações estão escritas em uma revista de perfil econômico.

Máquinas não ficam doentes, não se acidentam, não precisam descansar, nem reclamam do que fazem.

O fenômeno da globalização alterou fortemente não só as relações econômicas dos países, mas também os aspectos sociais e, em última instância, o próprio cotidiano da população. Logo:

I. Um dos problemas da nova revolução industrial é o de como assegurar a manutenção de um exército de pessoas estruturalmente desempregadas, em consequência da automação e da robotização na produção e nos serviços.

II. Na era dos robôs, eficácia, rapidez e padronização são palavras de ordem. A inovação tecnológica melhora a qualidade dos produtos, diversifica a produção e reduz custos, mas não esconde as feridas profundas dos desempregados que a tecnologia criou.

III. Nas décadas de 1970 e 1980, a mão de obra que migrava em busca de trabalho era bem recebida nos países desenvolvidos. A partir da década de 1990, com a aceleração do desemprego estrutural, passou a não ser bem vista pelos trabalhadores desses países, acentuando-se os movimentos de xenofobia.

IV. O trabalho com robôs não tem nenhuma influência na população jovem que está iniciando sua vida produtiva. Toda essa mão de obra é absorvida por essa inovação tecnológica.

Estão corretas as proposições:

a) II e III, apenas
b) I, II e III, apenas
c) I e III, apenas
d) I e IV, apenas
e) I, II, III e IV

5. (UFF-RJ) Considerada a mais dura competição de automobilismo do mundo, o Rali Dacar (anteriormente Paris-Dacar) vem sendo realizado desde 1979. A prova geralmente tem seu ponto de partida em alguma cidade da Europa e termina nas praias de Dacar, capital do Senegal, após uma longa e difícil passagem pelo deserto do Saara. A edição de 2005 apresentou pilotos de 39 nacionalidades, sendo 75% europeus e quase todo o restante composto por norte-americanos, sul-americanos e japoneses. A participação africana tem sido extremamente reduzida, a não ser pelos exuberantes cenários desérticos e semiáridos do continente.

Tendo em vista o contexto em que se realiza essa competição e com base na fotografia, pode-se afirmar que a posição da África no mundo contemporâneo, em relação a outros continentes, é mais claramente evidenciada pelo predomínio dos seguintes aspectos:

a) desequilíbrio ambiental e ascensão militar.
b) marginalização econômica e atraso tecnológico.
c) reestruturação produtiva e decadência cultural.
d) instabilidade política e uniformidade étnica.
e) dependência financeira e estagnação industrial.

6. (UEPA)

A globalização caracterizada, sobretudo, pelo sistema de informação, determinada pelas redes de riquezas e de poder, possibilitou a emergência de movimentos sociais, cuja base é composta de camponeses, grupos indígenas e trabalhadores urbanos, desempregados ou parcialmente empregados, como aqueles que, com suas práticas de resistência e luta pela terra, contestam tanto suas situações de carência e exclusão, quanto a lógica inerente à nova ordem mundial.

SIMONETTI, M. C. L. "A Geografia dos movimentos sociais em tempos de globalização". In: Revista *NERA*, ano 10, n. 11, p. 122-130, jul./dez. 2007.

Utilizando como referência o texto é verdadeiro afirmar que:

a) no contexto da globalização emergiram novos movimentos sociais que apresentam como características fundantes o caráter classista e a unidade de temas e reivindicações, representados especialmente pelos trabalhadores do campo.

b) os movimentos sociais que emergiram no contexto da globalização apresentam como elemento chave a luta por direitos, explicitada nas demandas de diferentes segmentos sociais, tais como movimento negro, homossexual, da mulher, dentre outros.

c) os movimentos de resistência de fins do século XX apresentam-se sob novos formatos, de maneira mais homogênea e menos antagônica, e os sujeitos são mais participativos.

d) observa-se em tempos de globalização uma mudança brusca na relação do Estado com as iniciativas de ação coletiva, tirando-as da ilegalidade, em especial no que se refere à questão agrária.

e) no início do século XXI, destacam-se as lutas de resistência cultural de várias populações nativas objetivando, principalmente, o controle dos recursos naturais em detrimento da legalização de suas terras.

7. (IFSP) Leia o texto a seguir.

Seguindo uma tendência observada nas empresas europeias e americanas, alguns investidores brasileiros estão migrando parte de seus negócios da China para o Vietnã. Os setores calçadista e têxtil são os que mais observaram esse tipo de mudança, com a instalação principalmente de fábricas americanas e europeias no Vietnã. Em estudo divulgado em março, a Câmara de Comércio Americana de Xangai, a AmCham, apontou que 88% das empresas estrangeiras sondadas optaram inicialmente por operar na China por causa dos baixos custos, porém, 63% dessas afirmaram que se mudariam ao Vietnã para cortar ainda mais o preço de produção.

Adaptado de: <http://www.bbc.co.uk/portuguese/reporterbbc/story/2008/07/080709_vietannegociosmw.shtml>. Acesso em: 29 jul. 2014.

Pode ser associada ao conteúdo da notícia a seguinte afirmação:

a) atualmente, grande parte das empresas multinacionais é originária dos países subdesenvolvidos e aí estão instaladas.

b) embora seja objeto de investimentos capitalistas, o sistema socialista chinês ainda afugenta as empresas multinacionais.

c) a globalização facilitou a mobilidade de capitais e empresas, aumentando a competição entre países.

d) nos países asiáticos, o alto custo da mão de obra é compensado pela abundância de matérias-primas minerais baratas.

e) a abertura comercial propiciada pela globalização permitiu às empresas brasileiras concorrerem com as dos países europeus.

8. (UFU-MG) O desenvolvimento científico e tecnológico vem possibilitando, nos últimos anos, o aumento de confiabilidade no tráfego de informações entre pessoas, corporações e governo em todo o mundo. Os satélites artificiais, a telefonia e a informática são os principais exemplos desse desenvolvimento.
Em termos econômicos, esse desenvolvimento é importante porque

a) o incremento tecnológico está sendo lucrativo, principalmente para os países em desenvolvimento, como o Brasil, que consegue atrair para o seu território a instalação de empresas de alta tecnologia, causando sérios prejuízos financeiros aos países sedes.

b) o avanço tecnológico possibilitou a criação do "dinheiro eletrônico" e do "mercado computadorizado", que funciona 24 horas por dia, movimentando bilhões de dólares no mercado nacional e internacional.

c) o volume de negócios feitos tem crescido de forma significativa em todo o planeta, sendo mais lucrativo para as nações menos desenvolvidas que tinham dificuldades para divulgar e comercializar seus produtos.

d) o comércio virtual, considerado o de maior crescimento nos últimos anos no mundo, atualmente vem sendo a forma mais utilizada de compra de produtos que circulam entre países e entre regiões de países capitalistas.

9. (UERN) Leia.

Antes mundo era pequeno
Porque Terra era grande
Hoje mundo é muito grande
Porque Terra é pequena
Do tamanho da antena
Parabolicamará.

Gilberto Gil – *Parabolicamará*

De acordo com o trecho da música de Gilberto Gil, o mundo está interligado

a) devido ao avanço dos meios de comunicação, como a internet.

b) totalmente, porque todos têm acesso à tecnologia.

c) em parte, mas com a tecnologia digital disponível para todos.

d) graças ao avanço da tecnologia analógica.

10. (FGV-SP)

Até que ponto o uso (e o valor extraído) por Google e Facebook das nossas informações pessoais está sendo bem valorado pelo mercado e pelos investidores? Até que ponto o uso que os fregueses de Google ou Facebook fazem das suas informações pessoais lhes é providencial, útil, indispen-

sável? Nesse universo em que as redes digitais servem para construir economias e mercados feitos de ícones, a alma é o segredo do negócio.

SCHWARTZ, Gilson. *Facebook e o valor da intimidade.* São Paulo. Disponível em: <http://exame.abril.com.br/rede-de-blogs/iconomia/2012/04/03/facebook-e-o-valor-da-intimidade>. Acesso em: 29 jul. 2014.

Sobre o "valor da intimidade" nas redes sociais, leia as seguintes afirmações:

I. A internet, que já foi vista como ponta de lança da liberdade de expressão e da superação de oligopólios midiáticos, corre o risco de converter-se em seu oposto, ou seja, em nova forma de controle social e de manipulação.

II. Na era da informação e da financeirização das redes sociais, um número cada vez maior de usuários abre mão de restringir o uso que as empresas fazem dos dados gerados pela sua navegação.

III. O potencial criativo e emancipatório das redes sociais representa uma conquista coletiva contra as grandes corporações, que se manifesta nas mais diferentes formas de mobilização social.

São coerentes com os argumentos apresentados no texto apenas o que se afirma em

a) I.
b) I e II.
c) I, II e III.
d) II e III.
e) Nenhuma das afirmações está correta.

11. (PUC-RJ)

Rico Cartum/Acervo do cartunista

A crítica à globalização expressa na charge refere-se à:

a) falta de recursos no mundo e, portanto, necessidade de serem pensadas medidas mais democráticas de reciclagem e reutilização para a segurança alimentar mundial.
b) inoperância dos Estados nacionais em atenderem as suas populações mais pobres através de políticas alimentares pautadas na realidade ambiental dos países periféricos.
c) aplicação das práticas ambientalistas bem-sucedidas dos países ricos em realidades socioespaciais desiguais, notadamente nos países emergentes do planeta.
d) desarticulação dos movimentos sociais em países pobres, que preferem investir em reciclagem a valorizar os discursos ambientalmente corretos.
e) incoerência das políticas agroalimentares nos países desenvolvidos, que insistem em seguir o receituário de produção agrícola dos países pobres.

12. (Fuvest-SP) O local e o global determinam-se reciprocamente, umas vezes de modo congruente e consequente, outras de modo desigual e desencontrado. Mesclam-se e tensionam-se singularidades, particularidades e universalidades. Conforme Anthony Giddens,

A globalização pode assim ser definida como a intensificação das relações sociais em escala mundial, que ligam localidades distantes de tal maneira que acontecimentos locais são modelados por eventos ocorrendo a muitas milhas de distância e vice-versa. Este é um processo dialético porque tais acontecimentos locais podem se deslocar numa direção inversa às relações muito distanciadas que os modelam. A transformação local é, assim, uma parte da globalização.

In: Octávio Ianni, *Estudos Avançados*. USP. São Paulo, 1994. Adaptado.

Neste texto, escrito no final do século XX, o autor refere-se a um processo que persiste no século atual. A partir desse texto, pode-se inferir que esse processo leva à

a) padronização da vida cotidiana.
b) melhor distribuição de renda no planeta.
c) intensificação do convívio e das relações afetivas presenciais.
d) maior troca de saberes entre gerações.
e) retração do ambientalismo como reação à sociedade de consumo.

Questões

13. (Ufscar-SP) No bojo da globalização, entendida como processo de constituição de uma economia-mundo, o surgimento das empresas transnacionais representa a (re)construção de múltiplos espaços: em escala planetária.

a) Cite quatro países sedes de empresas transnacionais.
b) Apresente três estratégias de atuação das transnacionais.

14. (UFRJ)

O conceito de HEGEMONIA MUNDIAL refere-se especificamente à capacidade de um Estado exercer funções de liderança e governo sobre um sistema de nações soberanas. [...] Esse poder é algo maior e diferente da DOMINAÇÃO pura e simples. É o poder associado à dominação, ampliada pelo exercício da LIDERANÇA INTELECTUAL E MORAL.

ARRIGHI, G. *O longo século XX.*

Na atualidade, os Estados Unidos da América são considerados a potência hegemônica mundial. Essa hegemonia se manifesta em aspectos econômicos, militares e culturais. Apresente duas manifestações da hegemonia dos Estados Unidos da América no campo cultural.

mundo: pode ser dividido em
países em desenvolvimento
países desenvolvidos
países emergentes
países da OCDE
países menos desenvolvidos
países de alta renda
países em transição

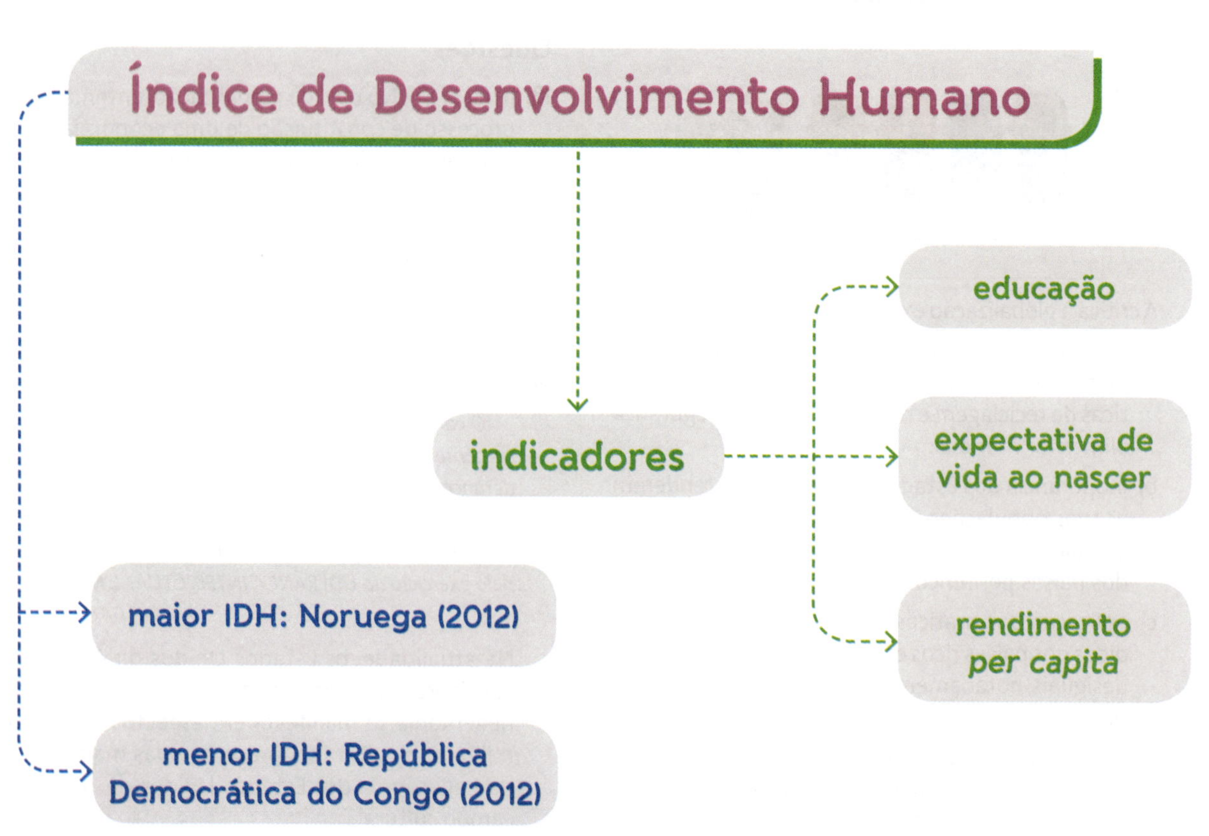
Índice de Desenvolvimento Humano
educação
indicadores
expectativa de vida ao nascer
maior IDH: Noruega (2012)
rendimento *per capita*
menor IDH: República Democrática do Congo (2012)

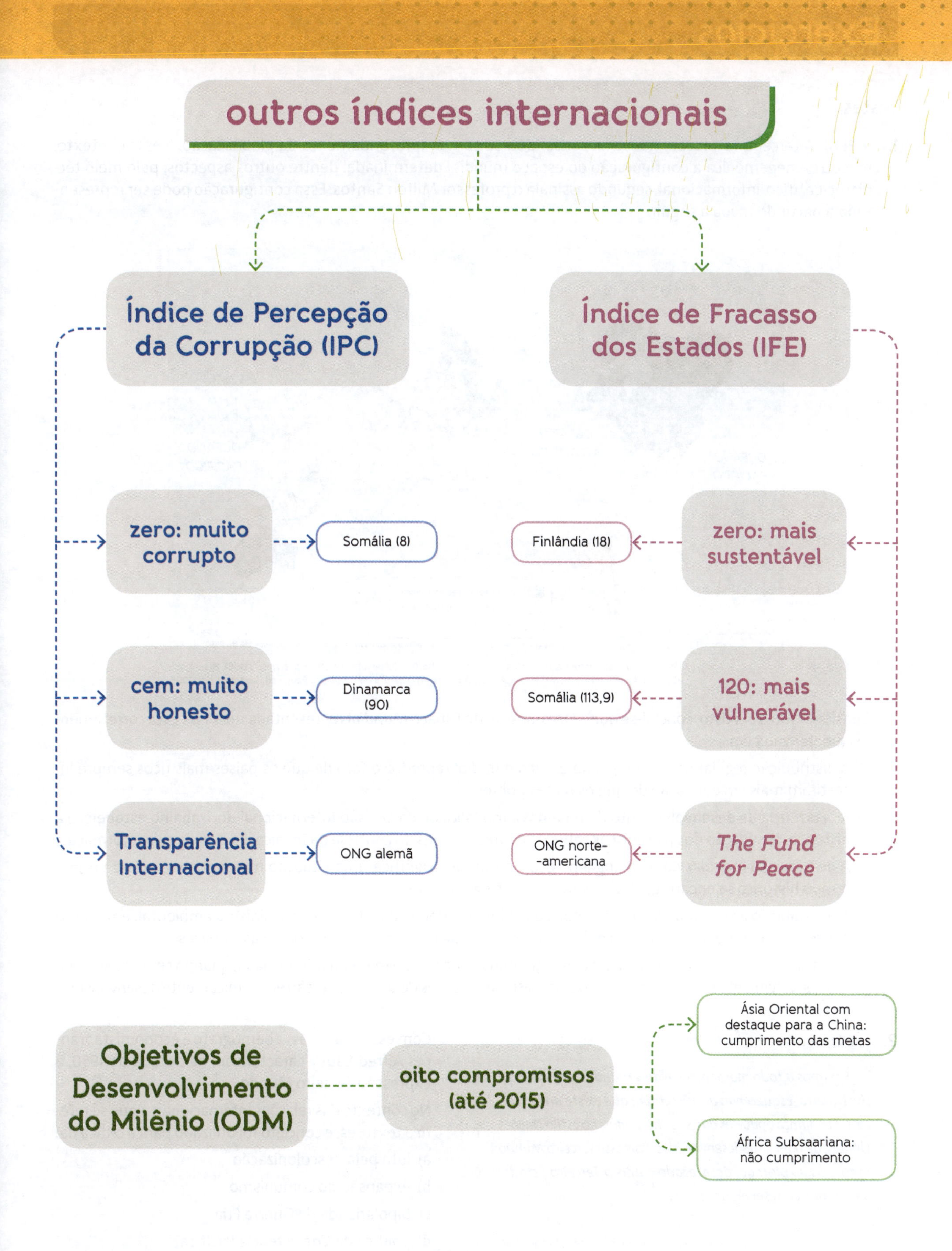
outros índices internacionais
Índice de Percepção da Corrupção (IPC)
Índice de Fracasso dos Estados (IFE)
zero: muito corrupto
Somália (8)
Finlândia (18)
zero: mais sustentável
cem: muito honesto
Dinamarca (90)
Somália (113,9)
120: mais vulnerável
Transparência Internacional
ONG alemã
ONG norte-americana
The Fund for Peace
Objetivos de Desenvolvimento do Milênio (ODM)
oito compromissos (até 2015)
Ásia Oriental com destaque para a China: cumprimento das metas
África Subsaariana: não cumprimento

Exercícios

Testes

1. (UFPB) A terceira revolução industrial consolidou-se com o aprofundamento da globalização. Nesse contexto, tornou-se hegemônica a configuração do espaço mundial determinada, dentre outros aspectos, pelo meio técnico-científico-informacional, segundo assinala o professor Milton Santos. Essa configuração pode ser representada a partir do mapa a seguir.

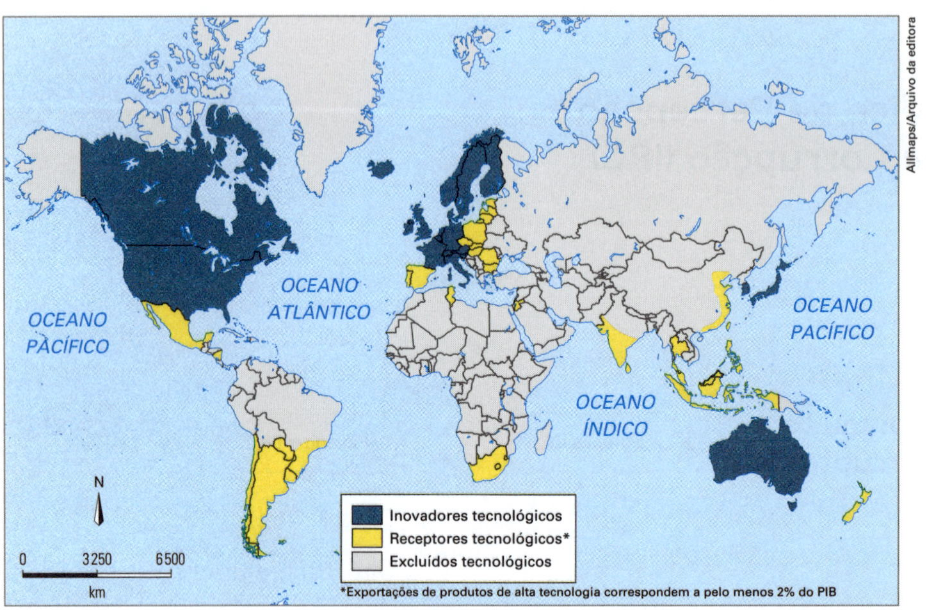

SACHS, Jeffrey. *Gazeta Mercantil*, 30 de junho/01 e 02 de julho de 2000, p. 2. Apud LUCCI, Elian Alabi; BRANCO, Anselmo Lazaro; MENDONÇA, Cláudio. *Geografia geral e do Brasil*. São Paulo: Ed. Saraiva, 1. ed., 2003.

Considerando o exposto, conclui-se que a Organização do Espaço Mundial representada no mapa está corretamente caracterizada em:

a) A distribuição regular da tecnologia no espaço mundial reproduz o fato de que os países mais ricos sempre investiram mais em educação do que os países pobres.

b) A ocorrência de desenvolvimento de uma nova modalidade da Divisão Internacional do Trabalho estabelece a histórica dominação dos países ricos sobre os pobres, através do controle da técnica, da ciência e da informação.

c) A distribuição irregular da tecnologia no espaço mundial significa uma situação momentânea, pois o próprio tempo histórico se encarregará de resolver essa irregularidade.

d) A distribuição irregular do saber tecnológico está relacionada ao histórico determinismo ambiental, em que os países de clima frio detêm maior conhecimento tecnológico do que aqueles de áreas tropicais.

e) A distribuição regular da tecnologia no espaço mundial ocorre de maneira diferenciada, quando se compara com o desenvolvimento socioeconômico, pois os países inovadores de tecnologias são economicamente desenvolvidos.

2. (UERJ)

Falamos a todo momento em dois mundos, em sua possível guerra, esquecendo quase sempre que existe um terceiro. É o conjunto daqueles que são chamados, no estilo Nações Unidas, de países subdesenvolvidos. Pois esse Terceiro Mundo ignorado, explorado, desprezado como o Terceiro Estado, deseja também ser alguma coisa.

Adaptado de: Alfred Sauvy. *France-Observateur*, 14 ago. 1952.

Com essas palavras, o demógrafo e economista francês Alfred Sauvy caracterizou, na década de 1950, a expressão Terceiro Mundo.

No contexto das relações internacionais a que se refere o texto, esse conceito foi utilizado para a crítica da:

a) luta pela descolonização

b) expansão do comunismo

c) bipolaridade da Guerra Fria

d) política da Coexistência Pacífica

3. (PUC-RJ)

Malcolm Evans/Arquivo do cartunista

A charge indica que as referências culturais

a) distanciam as mulheres da discussão sobre o matriarcado.
b) precisam ser consideradas nas análises socioespaciais.
c) impedem a reflexão sobre os direitos civis no mundo árabe.
d) limitam as expressões individualistas na sociedade ocidental.
e) mostram como se comportam as mulheres nas sociedades de consumo.

4. (Cefet-MG)

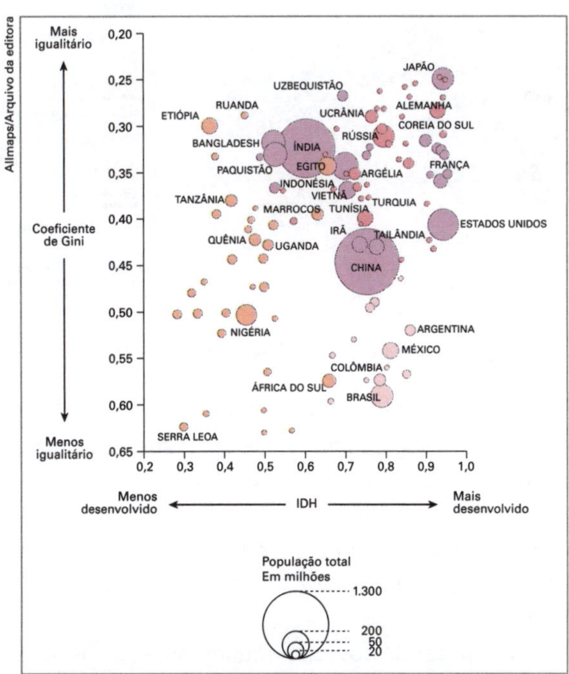

Allmaps/Arquivo da editora

Atlas Le Monde Diplomatique. Paris: Le Monde Diplomatique, 2006. p. 82.

A partir da análise do gráfico, é correto afirmar que, nos países centrais, existe uma relação direta entre desenvolvimento humano e

a) crise econômica.
b) *superavit* comercial.
c) produção tecnológica.
d) distribuição de renda.
e) quantidade populacional.

5. (Ibmec-RJ) O PNUD (Programa das Nações Unidas para o Desenvolvimento) criou o Índice de Pobreza Multidimensional (IPM) para medir privação não apenas nos padrões de renda, mas também no acesso à saúde, educação e saneamento.

Agora, para sustentar o crescimento e consolidar os avanços conquistados, será preciso aprimorar a educação e também o sistema público de saúde, tanto em termos de cobertura da população como no que diz respeito à qualidade.

Considerando o conhecimento sobre as características da pobreza no Brasil, assinale a afirmativa correta.

a) Não existe incompatibilidade entre desenvolvimento econômico e humano no Brasil, pois os mais pobres participam dos benefícios que o crescimento econômico traz em melhorias de saúde, educação e saneamento.
b) A falta de construção de uma política constitucional explica a pouca atenção dada ao tema do saneamento básico, um dos indicadores do IPM, pois a coleta e o tratamento de esgotos é, no Brasil, responsabilidade do governo federal.
c) No Brasil, ao se analisar os indicadores do IPM, percebe-se que enquanto os acessos aos bens de consumo duráveis registrou acentuado crescimento, o acesso à rede de coleta e de tratamento de esgoto ainda é um sonho para quase metade dos lares brasileiros.
d) No Brasil, compatível com o crescimento médio da população, a expansão da rede de esgoto junto com o aumento de renda e a diminuição do trabalho infantil, fizeram milhões de brasileiros, no último ano, deixarem a linha da pobreza multidimensional.
e) Ao anunciar, ano passado, a linha da pobreza extrema que adotará como critério para delimitar o total de miseráveis no Brasil – renda de R$70 mensais por pessoa – o Ministério do Desenvolvimento Social está considerando todos os indicadores de IPM do PNUD, para o Brasil.

6. (UFTM-MG) O Coeficiente de Gini é uma relação estatística para medir a desigualdade social, incluindo a distribuição de renda, e varia de 0 (zero) a 1 (um). O gráfico apresenta, no período de 2005 a 2009, os coeficientes encontrados em alguns países do G20, onde para a distribuição de renda o coeficiente 0 corresponde à completa igualdade na renda (todos detêm a mesma renda *per capita*) e o coeficiente 1 corresponde à completa desigualdade entre as rendas.

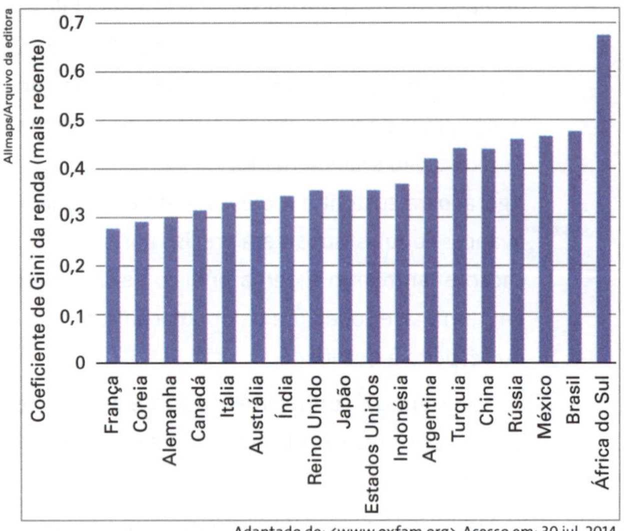

Adaptado de: <www.oxfam.org>. Acesso em: 30 jul. 2014.

A partir da análise do gráfico, é correto afirmar que, no período e dentre os países analisados,

a) o Brasil é o segundo país com maior desigualdade na distribuição de renda dentre os países do G20.

b) o Brasil apresenta a melhor taxa de distribuição de renda dos países da América Latina.

c) assim como no Brasil, os governos de países de economias emergentes priorizaram a melhoria na distribuição de renda.

d) a África do Sul apresenta a melhor distribuição de renda do grupo em função dos recursos minerais existentes em seu território.

e) países desenvolvidos como França, Alemanha e Canadá, embora apresentem economia estável, possuem elevados índices de desigualdade social.

7. (Unesp-SP) Analise a tabela e o mapa.

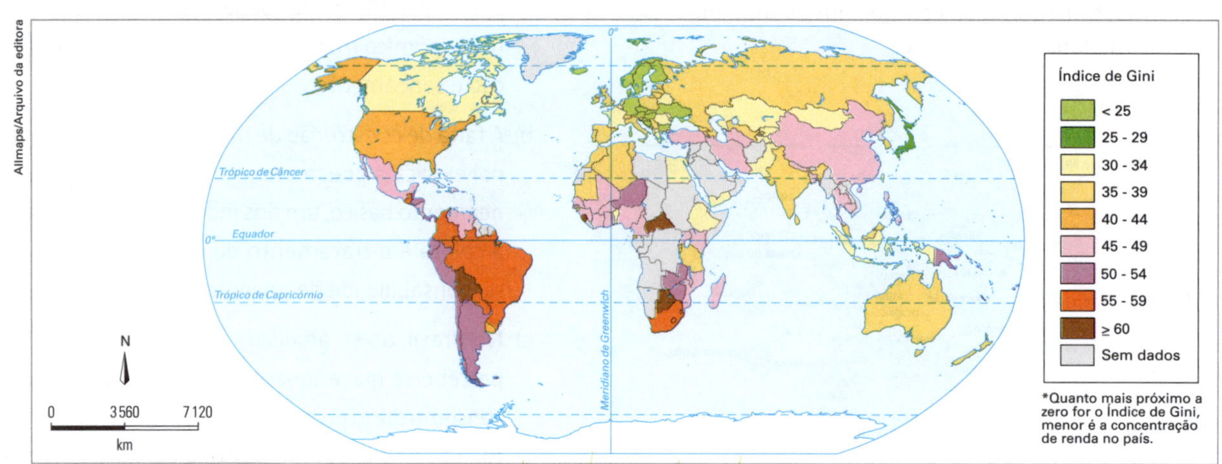

Adaptado de: Jaime Tamdjiian e Ivan Mendes. *Geografia*: estudos para a compreensão do espaço, 2011.

***Ranking* dos maiores PIBs do mundo em 2010**

Posição	País	PIB (em bilhões)
1º	Estados Unidos	14624,2
2º	China	5745,1
3º	Japão	5390,9
4º	Alemanha	3305,9
5º	França	2555,4
6º	Reino Unido	2258,6
7º	Brasil	2088,9
8º	Itália	2036,7
9º	Canadá	1563,7
10º	Rússia	1476,9

Disponível em: <http://colunistas.ig.com.br>. Acesso em: 29 jul. 2014.

A partir da análise da tabela e do mapa, é correto afirmar que

a) China e Brasil são os países que apresentam os maiores índices de concentração de renda entre os dez países com maiores PIBs do mundo.

b) a concentração de renda é um problema que atinge, na mesma proporção, os dez países com maiores PIBs do mundo.

c) a Rússia, apesar de possuir o menor PIB entre os dez países, é o que apresenta o menor índice de concentração de renda.

d) os dez países com os maiores PIBs do mundo são, também, aqueles que possuem os menores índices de concentração de renda no mundo.

e) os EUA possuem o maior PIB e o menor índice de concentração de renda do mundo.

Questões

8. (Unicamp-SP)

O meio geográfico em via de constituição (ou de reconstituição) tem uma substância científico-tecnológico-informacional. Não é um meio natural, nem meio técnico. A ciência, a tecnologia e a informação estão na base mesma de todas as formas de utilização e funcionamento do espaço, da mesma forma que participam da criação de novos processos vitais e da produção de novas espécies (animais e vegetais). [...] Atualmente, apesar de uma difusão mais rápida e mais extensa do que nas épocas precedentes, as novas variáveis não se distribuem de maneira uniforme na escala do planeta. A geografia assim recriada é, ainda, desigualitária.

SANTOS, M. *Técnica, espaço e tempo*. p. 51.

a) Considerando que a ciência, a tecnologia e a informação estão na base do funcionamento do espaço, cite dois países que podem ser considerados centros hegemônicos da economia mundial. Justifique suas escolhas.

b) Como a África Subsaariana se situa em relação ao espaço geográfico mundializado? Qual a razão dessa situação?

9. (Unesp-SP) Embora a miséria esteja espalhada pelo mundo, é possível delimitar áreas de concentração de extrema pobreza – pessoas vivendo com menos de US$ 1 por dia. No mapa, produzido pelo Centro de Pesquisas da Pobreza Crônica, a escala de tamanho dos países (anamorfose) está de acordo com seu número de habitantes em pobreza irreversível. A cor indica o nível de renda da maior parte dos habitantes pobres de cada país. Quando dados oficiais são insuficientes, os pesquisadores estimam as taxas nacionais de pobreza.

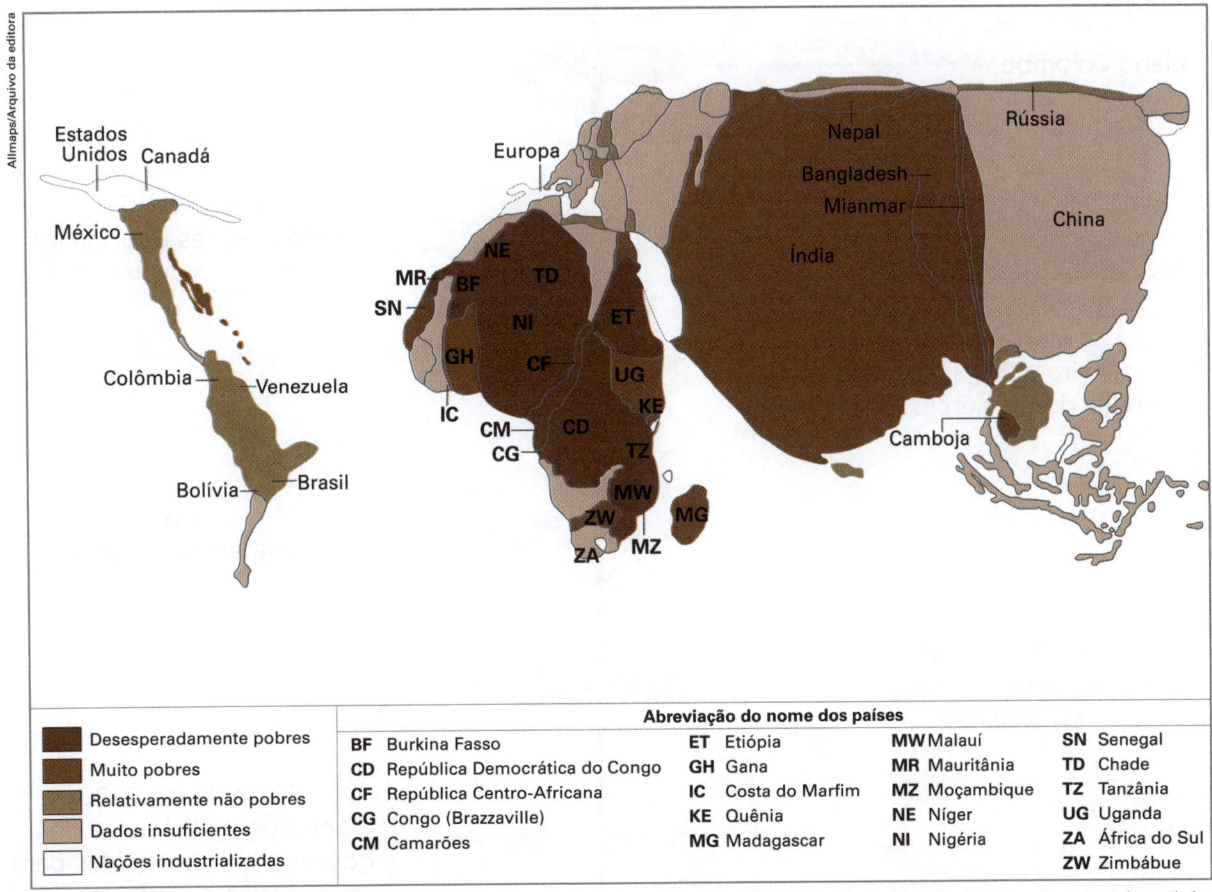

Adaptado de: *Scientific American Brasil*, ano I, n. 7, 2011, usado em teste de vestibular.

A partir da análise do mapa, cite o nome de duas regiões geográficas que se destaquem como desesperadamente pobres ou muito pobres. Exemplifique com o nome de um país que melhor demonstre a condição de desesperadamente pobre e de um país com a condição de muito pobre. A partir dos conhecimentos sobre essas regiões, mencione elementos geográficos que justifiquem essa pobreza.

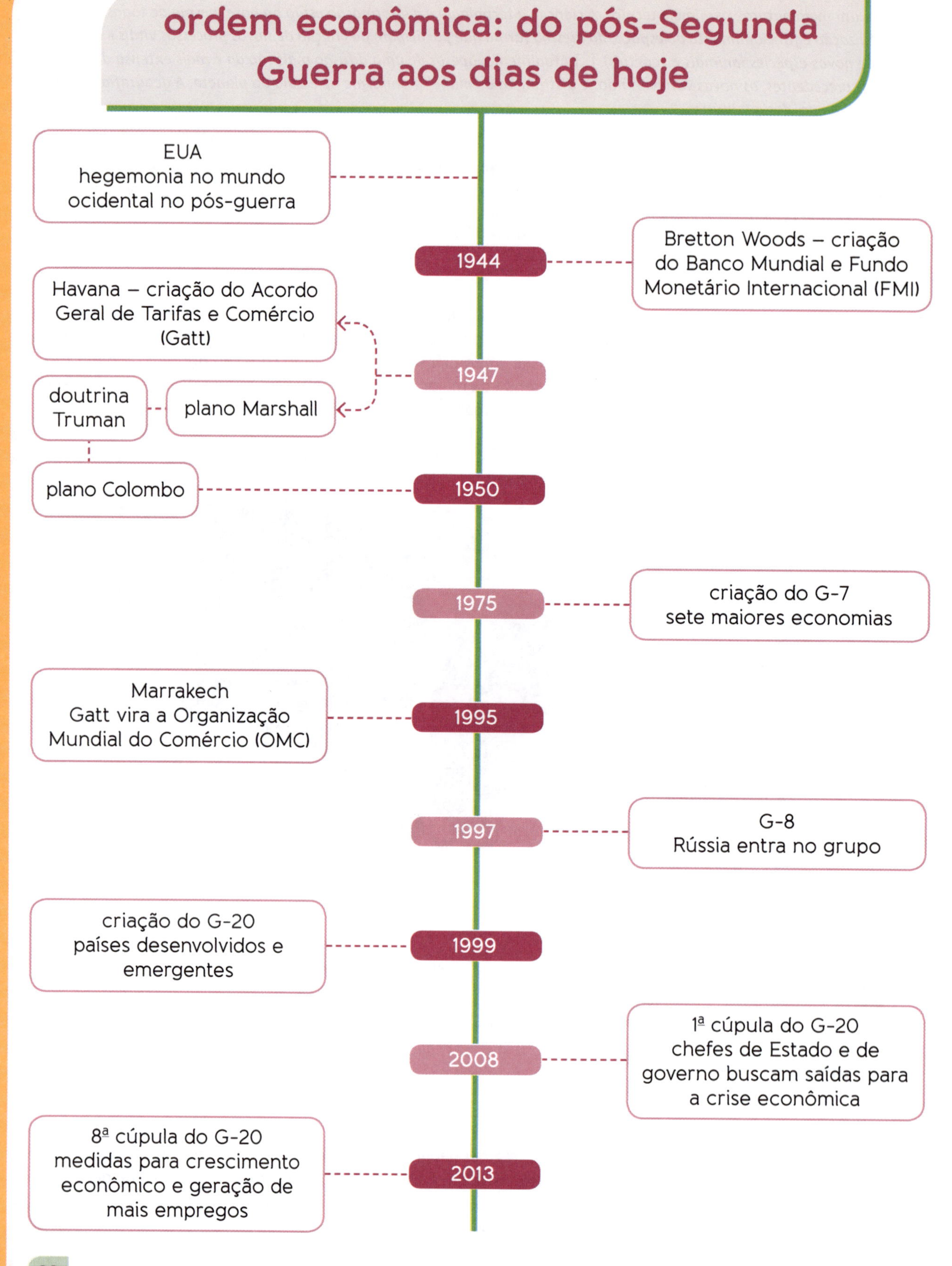
ordem econômica: do pós-Segunda Guerra aos dias de hoje
EUA hegemonia no mundo ocidental no pós-guerra
1944
Bretton Woods – criação do Banco Mundial e Fundo Monetário Internacional (FMI)
Havana – criação do Acordo Geral de Tarifas e Comércio (Gatt)
1947
doutrina Truman
plano Marshall
plano Colombo
1950
1975
criação do G-7 sete maiores economias
Marrakech Gatt vira a Organização Mundial do Comércio (OMC)
1995
1997
G-8 Rússia entra no grupo
criação do G-20 países desenvolvidos e emergentes
1999
2008
1ª cúpula do G-20 chefes de Estado e de governo buscam saídas para a crise econômica
8ª cúpula do G-20 medidas para crescimento econômico e geração de mais empregos
2013

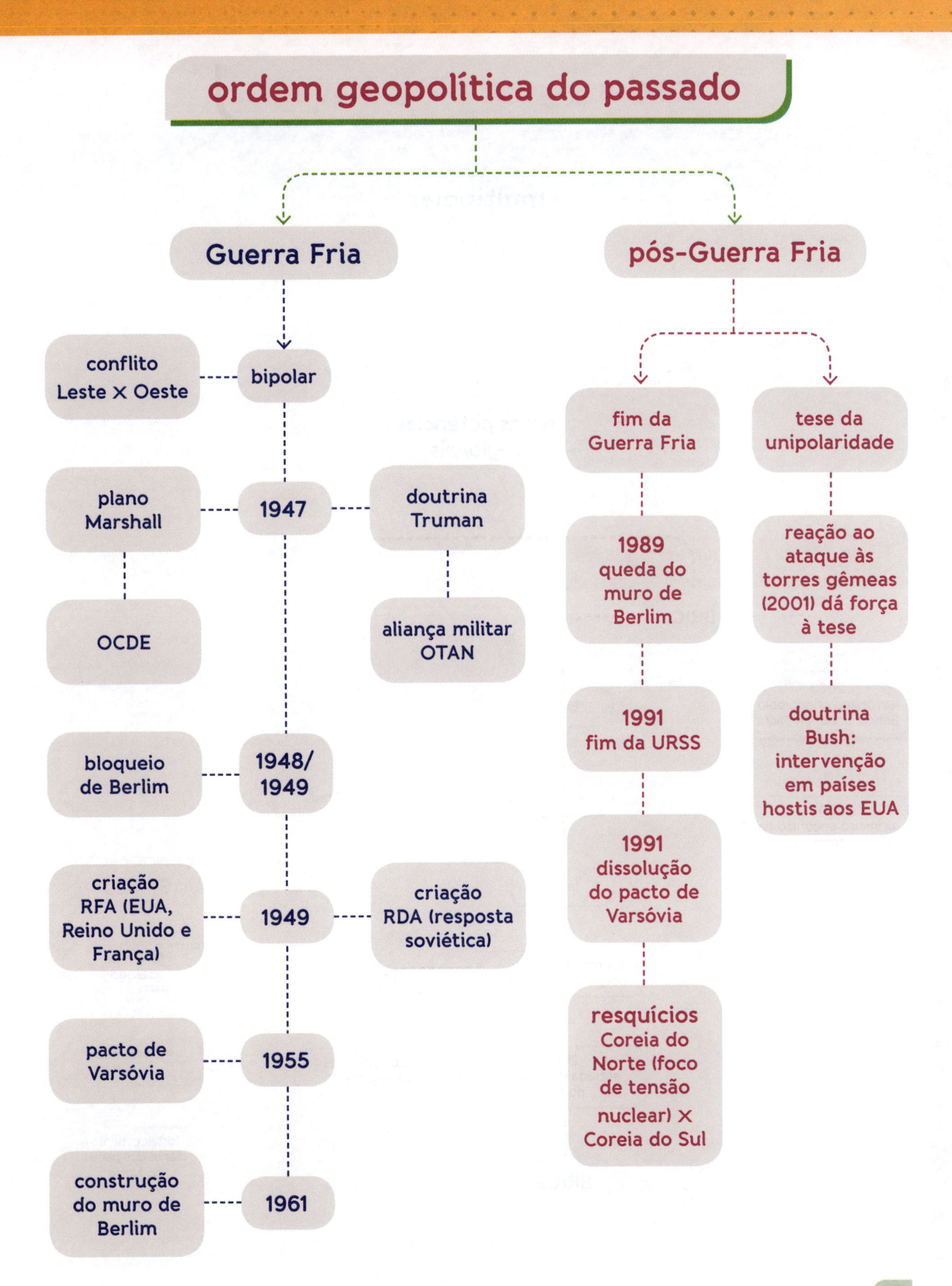

ordem geopolítica do passado
Guerra Fria
pós-Guerra Fria
conflito Leste X Oeste
bipolar
plano Marshall
1947
doutrina Truman
OCDE
aliança militar OTAN
bloqueio de Berlim
1948/ 1949
criação RFA (EUA, Reino Unido e França)
1949
criação RDA (resposta soviética)
pacto de Varsóvia
1955
construção do muro de Berlim
1961
fim da Guerra Fria
1989 queda do muro de Berlim
1991 fim da URSS
1991 dissolução do pacto de Varsóvia
resquícios Coreia do Norte (foco de tensão nuclear) X Coreia do Sul
tese da unipolaridade
reação ao ataque às torres gêmeas (2001) dá força à tese
doutrina Bush: intervenção em países hostis aos EUA

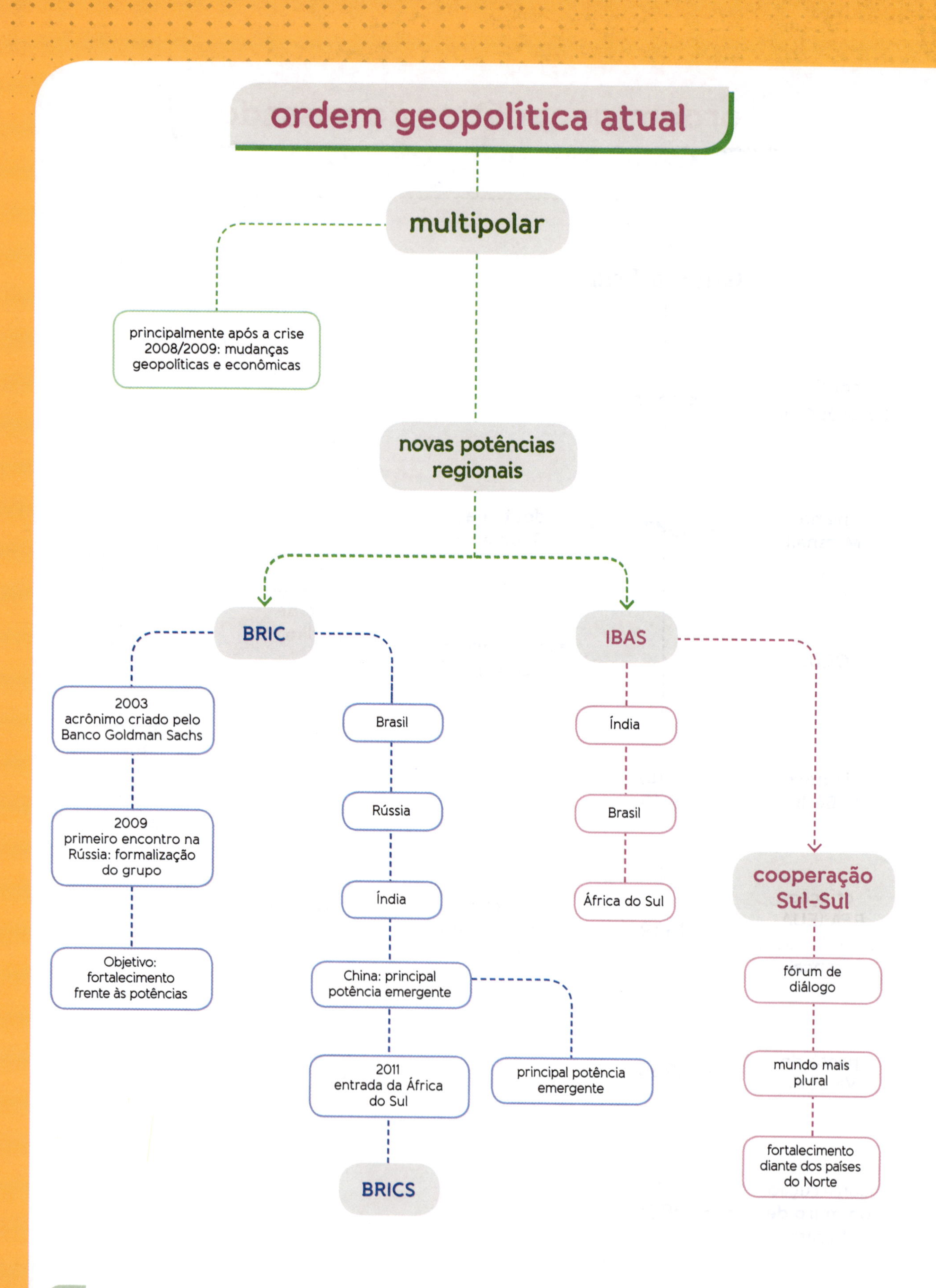
ordem geopolítica atual
multipolar
principalmente após a crise 2008/2009: mudanças geopolíticas e econômicas
novas potências regionais
BRIC
2003 acrônimo criado pelo Banco Goldman Sachs
2009 primeiro encontro na Rússia: formalização do grupo
Objetivo: fortalecimento frente às potências
Brasil
Rússia
Índia
China: principal potência emergente
principal potência emergente
2011 entrada da África do Sul
BRICS
IBAS
Índia
Brasil
África do Sul
cooperação Sul-Sul
fórum de diálogo
mundo mais plural
fortalecimento diante dos países do Norte

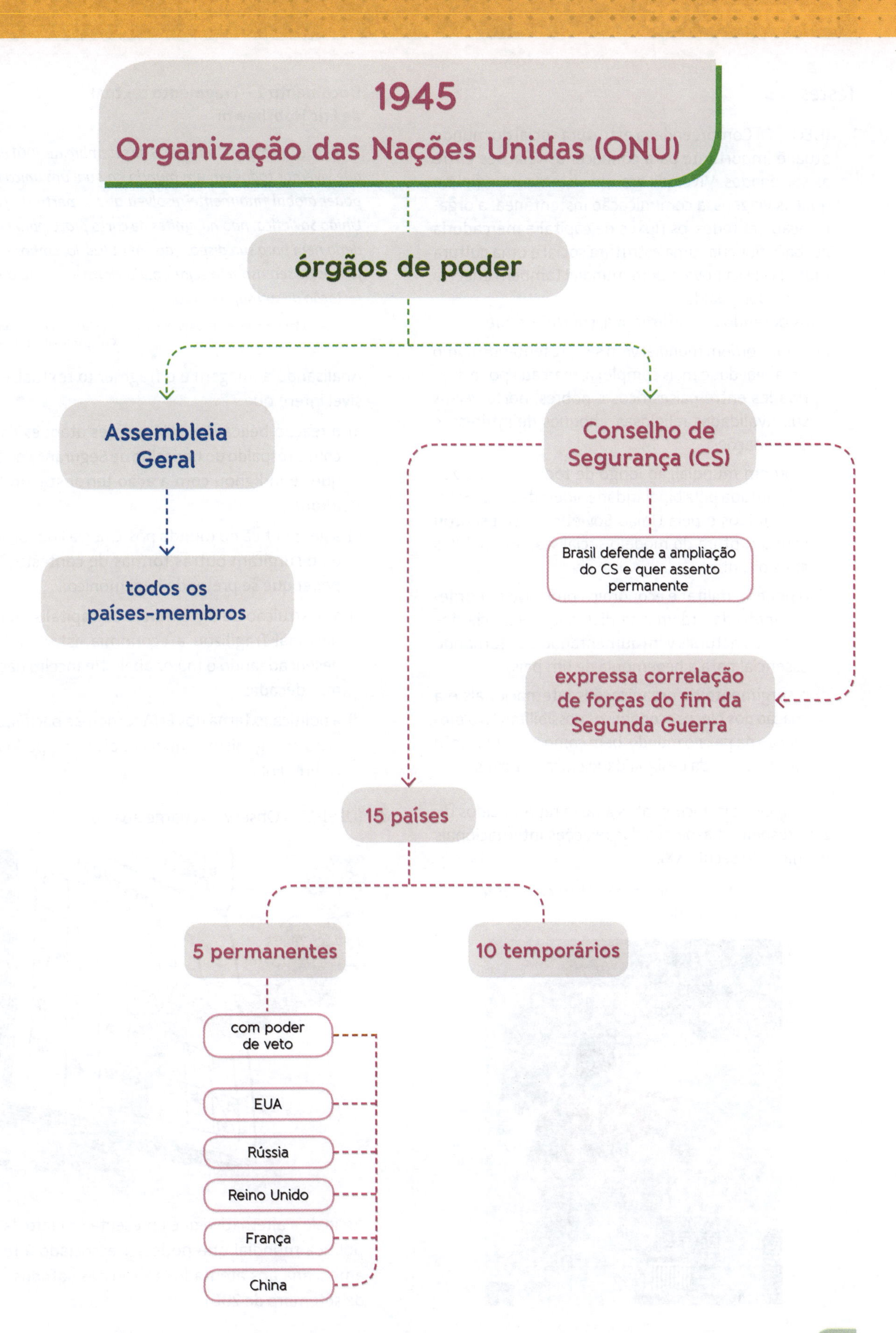
1945
Organização das Nações Unidas (ONU)
órgãos de poder
Assembleia Geral
todos os países-membros
Conselho de Segurança (CS)
Brasil defende a ampliação do CS e quer assento permanente
expressa correlação de forças do fim da Segunda Guerra
15 países
5 permanentes
10 temporários
com poder de veto
EUA
Rússia
Reino Unido
França
China

Exercícios

Testes

1. (UEG-GO) Compreender a estrutura social do mundo atual é importante para conhecer as relações entre as sociedades. Vivemos em um sistema mundial no qual as viagens, a comunicação instantânea, a organização em redes, os fluxos de capital e mercadoria acabam por criar uma estrutura social e uma cultura mundial. Essa nova ordem mundial também encerra poder e desigualdade.
Considerando esta afirmativa, conclui-se que
   a) a nova ordem mundial vem se apresentando como uma realidade mais complexa, marcada por disparidades entre países ricos e pobres, norte *versus* sul, rivalidades religiosas, choques de interesses entre nações.
   b) a ordem mundial, ao longo de todo o século XX, foi pautada pela bipolaridade, liderada pelos Estados Unidos e pela União Soviética, e se esgotou com a ruptura do modelo socialista, no final dos anos oitenta.
   c) o poderio militar e econômico promove o reordenamento da ordem mundial; a importância dos recursos naturais vem aumentando e se tornando essencial para a hegemonia de um país.
   d) o surgimento de organizações internacionais e a criação dos blocos econômicos possibilitaram a promoção da paz no mundo, bem como a relativização da pobreza e da desigualdade entre os povos.

2. (UFRN) Os dois documentos abaixo reproduzidos dizem respeito a aspectos das relações internacionais no início do século XXI.

Documento 1 – Ataque ao *World Trade Center* em 11 de setembro de 2001

Spencer Platt/Getty Images

Documento 2 – Fragmento textual de Eric Hobsbawm

A reação aos atentados de 11 de setembro de 2001 provou que vivemos todos em um mundo no qual um único hiperpoder global finalmente resolveu que, a partir do fim da União Soviética, não há limites de curto prazo para seu poderio nem para sua disposição em utilizá-lo, embora os objetivos de seu uso não sejam nada claros – exceto a manifestação de sua supremacia.

Adaptado de: HOBSBAWM, Eric. *Tempos interessantes*. São Paulo: Companhia das Letras, 2002.

Analisando a imagem e o fragmento textual, é possível inferir que
   a) a reação bélica dos EUA a esses ataques contou com o respaldo do Conselho de Segurança da ONU, que se indignou com a ação terrorista em Nova Iorque.
   b) a geopolítica no mundo pós-Guerra Fria foi abalada e surgiram outras formas de contestação ao poder que se pretende hegemônico.
   c) a destruição de um símbolo do capitalismo internacional fragilizou a economia estadunidense, desencadeando o maior abalo financeiro das últimas décadas.
   d) a política externa dos EUA tornou-se pacifista, em claro antagonismo àquela adotada no período da Guerra Fria.

3. (UFSJ-MG) Observe a charge abaixo.

Reprodução/Prova UFSJ

Assinale a alternativa que apresenta um fato da geopolítica mundial que pode ser associado à reação americana aos atentados terroristas sofridos em 11 de setembro de 2001.

a) Formação da OTAN (Organização do Tratado do Atlântico Norte), reunindo países aliados dos Estados Unidos no combate ao terrorismo.
b) Ocupação militar no Afeganistão e no Iraque e deposição dos governos desses países.
c) Envio de tropas para o norte da África e deposição de governos pró Al-Quaeda, como os governos da Líbia e do Egito.
d) Intervenção nos programas nucleares dos países do Oriente Médio, como Irã, Cazaquistão e Iraque.

4. (UFSJ-MG) Após o fim da União Soviética, os Estados Unidos têm imposto ao mundo uma ordem com base em seus interesses, tomando decisões unilaterais sem considerar resoluções de organismos internacionais, como a ONU.
Assinale a alternativa que apresenta um exemplo do que se diz no texto.
a) Ocupação militar do Iraque e deposição do governo de Saddam Hussein.
b) Apoio militar ao governo de Israel e à desocupação palestina da Faixa de Gaza.
c) Fechamento da prisão na base militar de Guantánamo, em Cuba.
d) Bloqueio econômico e militar contra o Irã para impedir a produção de armas nucleares.

5. (Aman-RJ) O Conselho de Segurança é o órgão que decide sobre temas de paz e segurança discutidos na Organização das Nações Unidas (ONU). É composto de cinco países, que são membros permanentes, e de mais dez países que são membros temporários e escolhidos bienalmente.
Assinale a opção que apresenta os cinco membros permanentes do Conselho de Segurança da ONU.
a) Brasil, Índia, Estados Unidos, Alemanha e Japão
b) Reino Unido, França, China, Rússia e Estados Unidos
c) Estados Unidos, Alemanha, Japão, Reino Unido e França
d) Rússia, China, Alemanha, Japão e França
e) China, Brasil, Reino Unido, Índia e Rússia

6. (Udesc) Para alguns autores, a globalização é a fase mais recente da expansão capitalista. Nesta etapa alguns chefes de Estado têm feito conferências e decidido sobre as maiores operações industriais e financeiras do mundo. As ações deste grupo privilegiado, também conhecido como G8, são decisivas para a economia mundial.
Assinale a alternativa que contém os países que compõem o G8.
a) Estados Unidos, Japão, Alemanha, França, Canadá, Itália, Reino Unido e Rússia.
b) Israel, França, Holanda, Dinamarca, China, Taiwan, Suíça e Reino Unido.
c) Alemanha, França, Reino Unido, Espanha, Japão, China, Rússia e Canadá.
d) Japão, China, Estados Unidos, Itália, Bélgica, Holanda, Luxemburgo e Suíça.
e) Alemanha, Itália, Israel, Polônia, Rússia, Canadá, Dinamarca e Grécia.

7. (UESC-BA) A geopolítica, sob nova roupagem, ainda é atual e determinante no ordenamento das relações internacionais. Em um mundo onde a economia é a linha mestra de atuação, a geopolítica passa a visualizar os novos atores da política internacional. Com relação à organização do espaço mundial na atualidade, pode-se afirmar:
a) O G8 perdeu relevância política no cenário mundial, em decorrência de seus países membros terem sido afetados mais seriamente pelos reflexos da crise iniciada, há dois anos, no mercado financeiro norte-americano.
b) A OMC, criada com a função de mediador dos conflitos comerciais entre os países do mundo, conseguiu eliminar o protecionismo, facilitando o livre trânsito de mercadorias dos países subdesenvolvidos.
c) O BRIC, do qual faz parte o Brasil, constitui uma união aduaneira na qual seus membros adotam a mesma política de desenvolvimento e definem as mesmas regras no comércio com os países fora do bloco.
d) A entrada do Brasil e da Turquia, como integrantes permanentes do Conselho de Segurança da ONU, desagradou a China e os Estados Unidos, diante da possibilidade de dividir o poder de veto, especialmente em questões referentes à segurança mundial.
e) As reformas neoliberais, modelo do FMI, desde a década de 90 do século XX, foram amplamente aplicadas em todos os países dependentes e, embora não estimulassem seu desenvolvimento econômico, resolveram antigos problemas, com o aumento do PIB *per capita*.

8. (UERJ)

Os líderes dos países que integram os Brics – Brasil, Rússia, Índia, China e África do Sul – encerraram seu terceiro encontro com um comunicado em que pedem conjunta e explicitamente, pela primeira vez, mudanças no Conselho de Segurança das Nações Unidas. O texto defende reformas na ONU para aumentar a representatividade na instituição, além de alterações no Fundo Monetário Internacional e no Banco Mundial. Para os líderes dos Brics, a reforma da ONU é essencial, pois não é mais possível manter as formas institucionais erguidas logo após a Segunda Guerra Mundial.

Adaptado de: *O Globo*, 15 abr. 2011.

Uma das principais mudanças no contexto internacional contemporâneo que se relaciona com as reformas propostas pelos Brics está indicada em:

a) afirmação da multipolaridade
b) proliferação de armas atômicas
c) hegemonia econômica dos EUA
d) diversificação dos fluxos de capitais

9. (ESPM-SP) Leia a matéria:

Empregadores brasileiros só perdem para indianos em otimismo, diz pesquisa

O setor de serviços deve crescer 10 pontos percentuais em relação ao primeiro trimestre

Cerca de 45% dos empregadores brasileiros esperam realizar mais contratações no segundo trimestre de 2012, segundo pesquisa da consultoria Manpower. Os resultados só são menos otimistas que os registrados na Índia.

Disponível em: <www.bbc.co.uk/portuguese/noticias/2012/03/120313_empregos_rc.shtml>. Acesso em: 29 jul. 2014.

Os dois países citados na matéria têm em comum:

a) Pertencerem ao bloco de integração econômica BRICS.
b) Serem duas potências atômicas, mas não fazerem parte do Conselho de Segurança da ONU.
c) Comporem o IBAS.
d) Fazerem parte da APEC.
e) Terem assinado o TNP.

10. (FGV-SP)

O presidente do Banco Mundial, Robert Zoellick, disse hoje (3 de abril) que a instituição está disponível para trabalhar em conjunto com o futuro banco de desenvolvimento do BRICS (grupo formado pelo Brasil, a Rússia, Índia, China e África do Sul). A decisão de criar o banco foi anunciada na semana passada, durante a quarta reunião do bloco, em Nova Délhi, na Índia.

Disponível em: <www.jb.com.br/economia/noticias/2012/04/03/banco-mundial-apoia-criacao-de-instituicao-bancaria-do-brics>. Acesso em: 3 abr. 2012.

Sobre a proposta de criação do banco dos BRICS, assinale a alternativa correta:

a) Tem como objetivo alavancar as relações comerciais entre os membros do grupo, que permanecem estagnadas desde a sua criação.
b) Pretende estabelecer um mecanismo de financiamento de projetos direcionado exclusivamente aos países em desenvolvimento.
c) Trata-se de uma resposta do grupo à falta de liquidez no sistema financeiro mundial, provocada pelas políticas monetárias dos países ricos.
d) Procura fortalecer a competividade externa das economias do grupo, formado exclusivamente por grandes exportadores de produtos agropecuários.
e) Pretende criar uma alternativa ao Fundo Monetário Internacional (FMI), que não conta com nenhum dos membros do grupo como membro permanente de sua diretoria executiva.

11. (PUC-RJ)

Campeões em gastos militares – 2009*

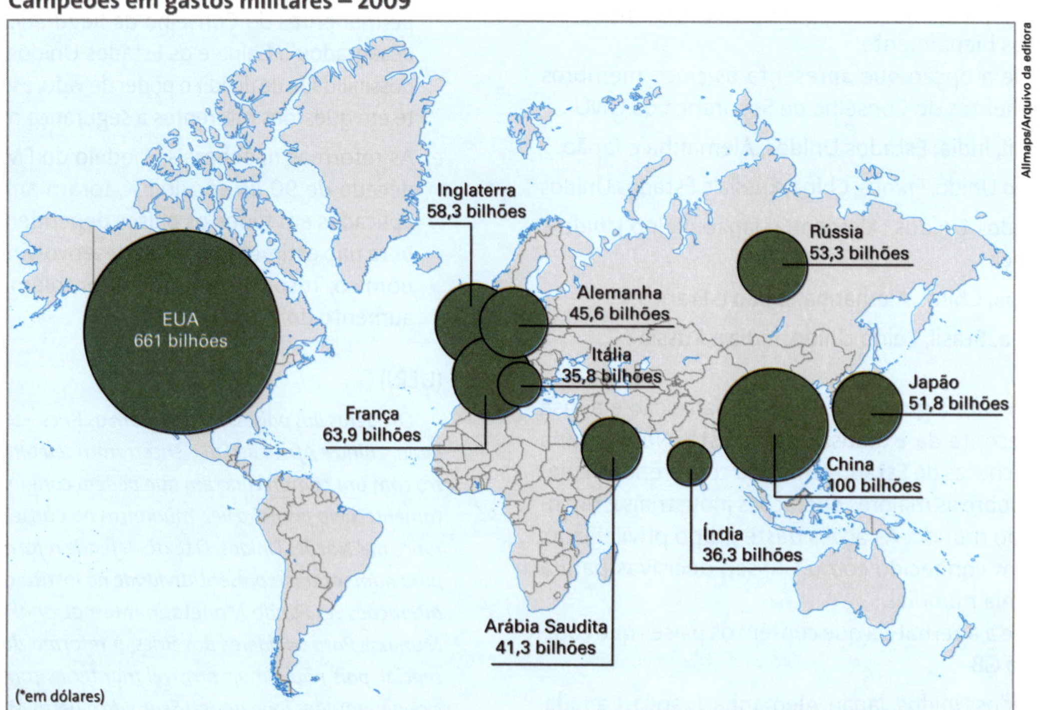

Disponível em: <veja.abril.com.br>. Acesso em: 29 jul. 2014.

Países que podem entrar em conflito em 2011

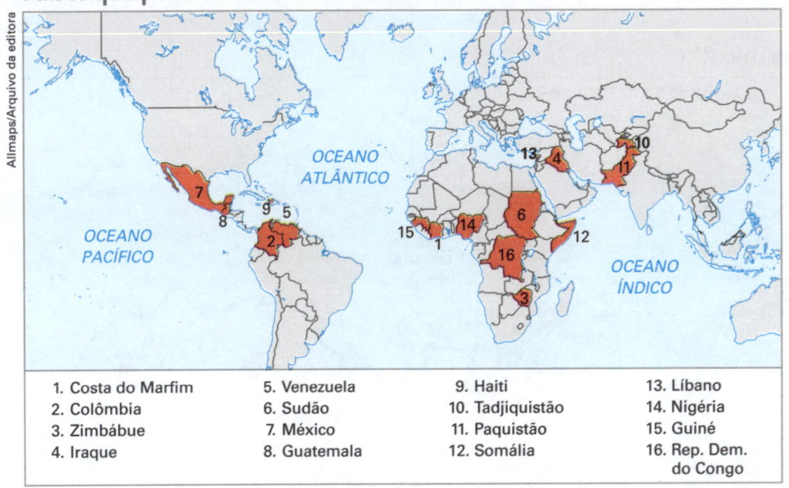

Disponível em: <noticias.terra.com.br/mundo>. Acesso em: 29 jul. 2014.

Observando-se os dois cartogramas, chega-se à conclusão de que os países:

a) europeus são os que mais gastam com armas, mundialmente.

b) latino-americanos formam a região menos conflitiva do planeta.

c) mais ricos têm gastos militares para evitar conflitos internos e internacionais.

d) periféricos em possível conflito na atualidade investem menos no setor bélico.

e) emergentes africanos, asiáticos e latinos são os que mais compram armas no mundo.

12. (Unesp-SP) Após os atentados de 11 de setembro de 2001, o governo dos Estados Unidos da América aprovou uma série de medidas com o objetivo de proteger os cidadãos americanos da ameaça representada pelo terrorismo internacional. Entre as medidas adotadas pelo governo norte-americano estão

a) a realização de acordos de cooperação militar e tecnológica com países aliados no combate ao terrorismo internacional; e a prisão imediata de árabes e muçulmanos que residissem nos Estados Unidos.

b) a realização de ataques preventivos a países suspeitos de sediarem grupos terroristas; e a restrição da liberdade e dos direitos civis de suspeitos de associação com o terrorismo.

c) a concessão de apoio logístico e financeiro a países que, autonomamente, pudessem combater grupos terroristas em seus territórios; e a preservação dos direitos civis de suspeitos de associação com o terrorismo, que residissem dentro ou fora dos Estados Unidos.

d) a realização de ataques preventivos a países suspeitos de sediarem grupos terroristas; e a flexibilização do ingresso nos Estados Unidos de pessoas oriundas de qualquer região do mundo.

e) a realização de acordos de cooperação militar e tecnológica com países suspeitos de sediarem grupos terroristas; e a preservação dos princípios de liberdade individual e autonomia dos povos.

Questões

13. (UFRN) Em 1989, foi derrubado o Muro de Berlim após quase três décadas de existência. Nesse momento, ocorreram comemorações em diversas partes do planeta por se acreditar que uma era de paz mundial estava se iniciando. Entretanto, verifica-se que, atualmente, situações de conflitos persistem e muros continuam a existir, por exemplo, o muro na fronteira entre EUA e México. Observe as imagens a seguir.

a) O Muro de Berlim foi construído durante o período da Guerra Fria. Mencione e explique uma característica desse período da geopolítica mundial.

b) Descreva o contexto político-econômico em que os EUA construíram o muro na fronteira com o México.

14. (Unesp-SP) Analise o mapa.

O mundo unimultipolar do início do século XXI

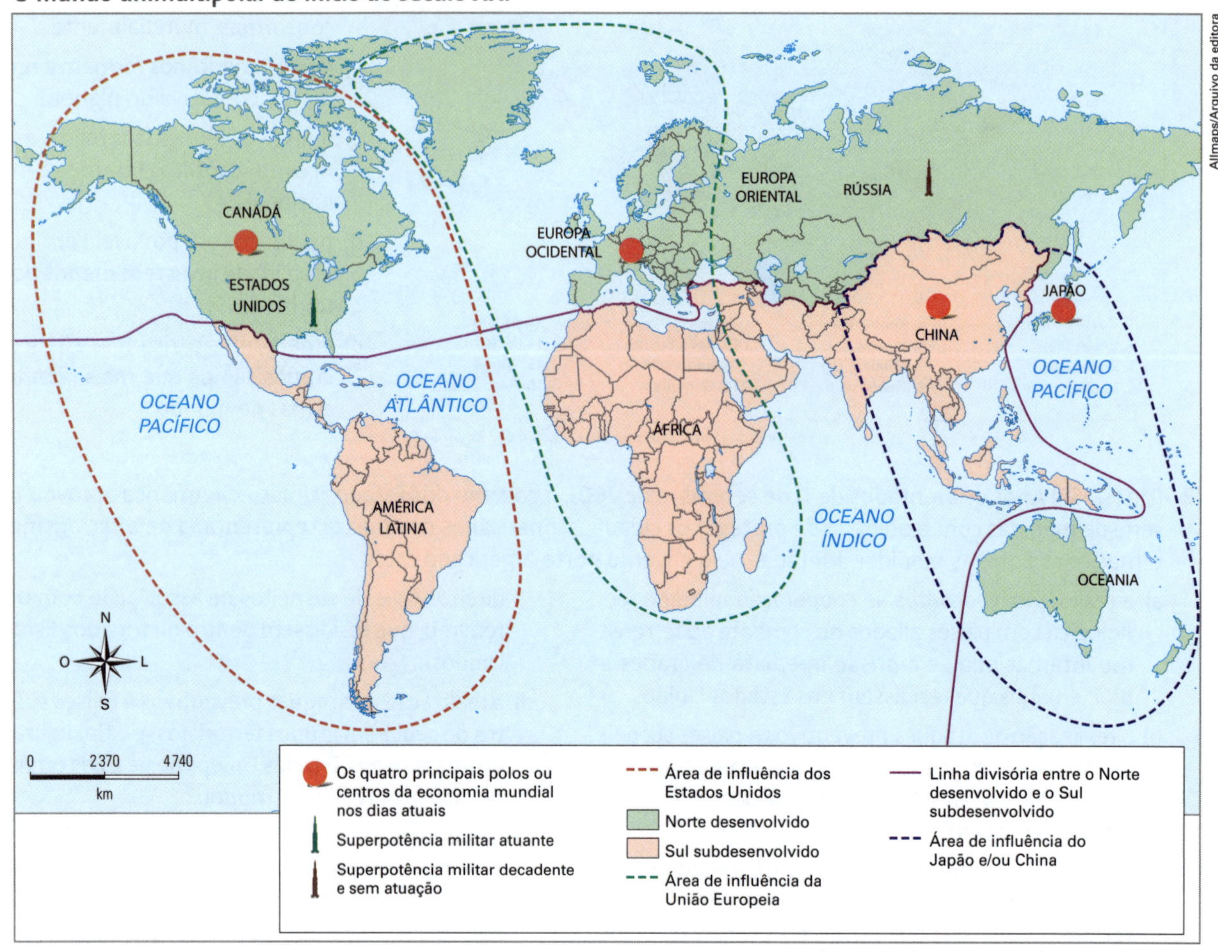

Adaptado de: Sérgio Adas. *Geografia*: ensino médio, 2008.

Os eventos políticos e o conjunto de transformações econômicas e tecnológicas das últimas duas décadas permitem que se empreguem diferentes e, às vezes, divergentes visões sobre a Nova Ordem Mundial. A partir das informações apresentadas no mapa e de conhecimentos sobre a Nova Ordem Mundial, defina as visões de mundo unipolar e mundo multipolar, apresentando evidências que sustentem uma e outra visão.

15. (UFES)

EUA sob ataque

[...]

11 de setembro

Dez anos em uma nova rota

O mundo não foi mais o mesmo desde o 11 de setembro de 2001: o mais espetacular atentado suicida de todos os tempos matou 2 976 pessoas. O ataque coordenado, há exatos dez anos, foi lançado contra Nova York, capital financeira dos EUA, e Washington, centro do poder político e militar do país. Naquele mesmo dia, inesquecível para qualquer pessoa "conectada" com as notícias do mundo, soube-se que a História ganhava, então, novos rumos.

EUA sob ataque. *A Gazeta*, Vitória, 11 set. 2011. Mundo. p. 46.

Um dos principais discursos veiculados na era da globalização é o de que vivemos num mundo sem fronteiras, a chamada aldeia global. Explique uma consequência, para o mundo globalizado, dos atentados de 11 de setembro de 2001, relativa a cada um dos seguintes aspectos:

a) político-econômico;

b) cultural.

16. (UFRJ) Num momento passado, quando a questão ideológica era predominante, era comum classificar os países no lado Leste ou no lado Oeste do mundo, muito embora essa classificação fosse desmentida pela localização geográfica de alguns.
Atualmente, sob uma nova ordem mundial, é mais comum a classificação que separa os países em Norte e Sul. Explique as razões ideológicas da classificação Leste-Oeste, esclarecendo ainda a lógica da nova ordem.

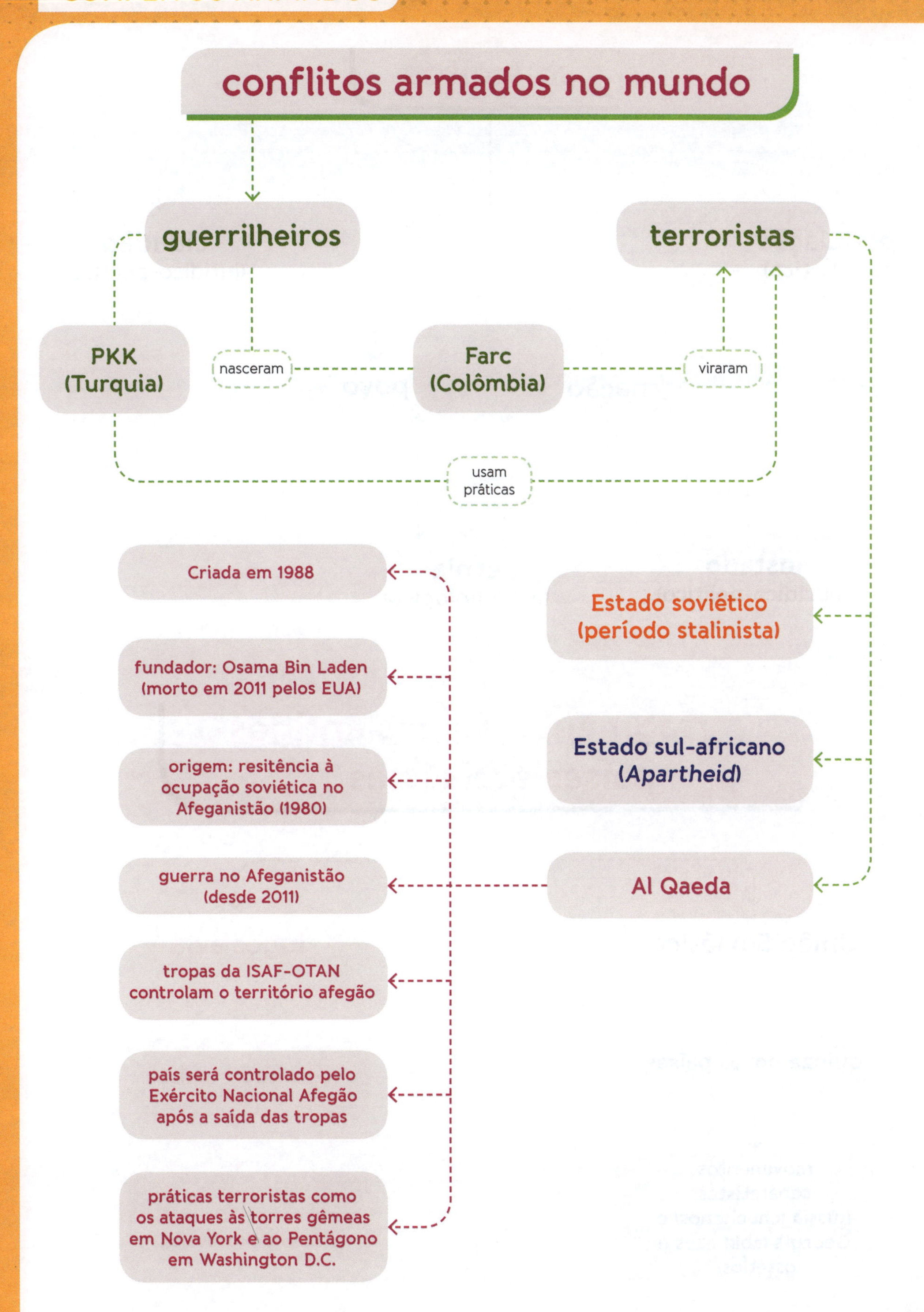
conflitos armados no mundo
guerrilheiros
terroristas
PKK (Turquia)
nasceram
Farc (Colômbia)
viraram
usam práticas
Criada em 1988
fundador: Osama Bin Laden (morto em 2011 pelos EUA)
origem: resitência à ocupação soviética no Afeganistão (1980)
guerra no Afeganistão (desde 2011)
tropas da ISAF-OTAN controlam o território afegão
país será controlado pelo Exército Nacional Afegão após a saída das tropas
práticas terroristas como os ataques às torres gêmeas em Nova York e ao Pentágono em Washington D.C.
Estado soviético (período stalinista)
Estado sul-africano (Apartheid)
Al Qaeda

conceitos
população
(estatístico)
cidadão
(jurídico-político)
nação
povo
estado
(jurídico-político)
etnia
(antropológico)
fragmentação nos antigos países socialistas
União Soviética
quinze novos países
movimentos separatistas Rússia (chechenos) e Geórgia (abkhazes e ossétios)
Iugoslávia
seis novos países
movimentos separatistas Sérvia (kosovares)

conflitos na África subsaariana

étnico/ religioso

muçulmanos X cristãos e animistas no Sudão

guerra no Sudão (1983-2005)
SPLM/A
X
governo sudanês

2011 independência do Sudão do Sul

forças de paz da ONU nos países
UNAMID
UNISFA
UNMISS

hutus X tutsis em Ruanda

herança do imperialismo europeu

Andreea Campeanu/Reuters/Latinstock

Forças de paz da ONU em Juba (Sudão do Sul), 2014.

Primavera Árabe

Final de 2010
autoimolação do jovem tunisiano Mohamed Bouazizi

Louafi Larbi/Reuters/Latinstock

Cartaz de Mohamed Bouazizi é mostrado por sua meia-irmã, Bessemer Bouazizi, em Sidi Bouzidi (Tunísia), 2011.

Tunísia
presidente Zine el-Abdine Ben Ali foge e o partido Ennahda vence

PPO/Handout/Getty Images

Zine el-Abdine Ben Ali recebe Mahmoud Abbas, presidente da Autoridade Palestina, em Cartago (Tunísia), 2010.

Egito
presidente Hosni Mubarak cai e o Partido da Liberdade e Justiça vence

Xinhua/Gamma-Rapho/Getty Images

Hosni Mubarak discursa na abertura da conferência anual do Partido Nacional Democrático, no Cairo (Egito), 2010.

Líbia
Muamar Kadafi é deposto e assassinado

Mario Tama/Staff/Getty Images

Muamar Kadafi discursa na Assembleia Geral da ONU em Nova York (Estados Unidos), 2009.

Iêmen
Ali Abdullah Saleh é deposto

Mohammed Huwais/AFP

Ali Abdullah Saleh participa de um comício em seu apoio em Sana (Iêmen), 2011.

Síria
Bashar al-Assad resiste e há guerra civil desde então

Xinhua/Gamma-Rapho/Getty Images

Bashar al-Assad discursa no Parlamento Sírio em Damasco (Síria), 2011.

conflito árabe-judeu e questão palestina

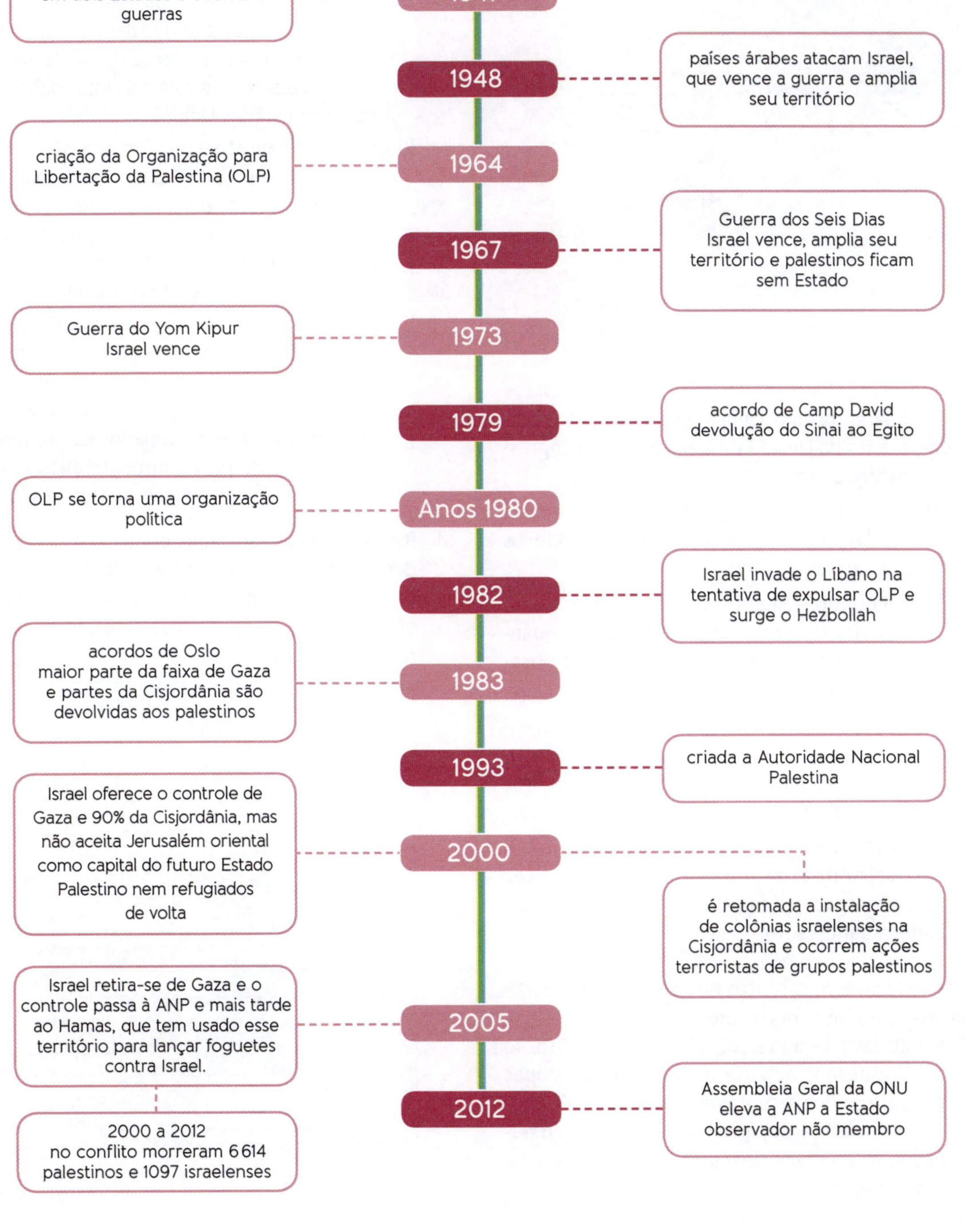

Exercícios

Testes

1. (ESPM-SP) Em 2011 completam-se vinte anos dos lamentáveis episódios da violenta Guerra dos Bálcãs que levou à dissolução da Iugoslávia. Com o auxílio do mapa abaixo, indique a assertiva correta:

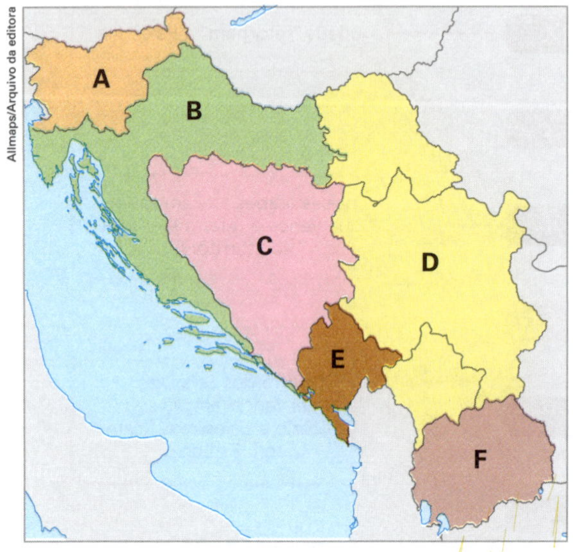

a) A próspera Eslovênia foi a primeira das repúblicas a se separar da Iugoslávia e teve o imediato reconhecimento da União Europeia, bloco que ingressou posteriormente.

b) Bósnia foi palco da mais sangrenta das guerras e envolveu bósnios muçulmanos, croatas ortodoxos e sérvios católicos.

c) A Croácia sempre alimentou forte rivalidade com os sérvios desde a Segunda Guerra Mundial, quando os croatas apoiaram a invasão nazista e puseram-se contra Tito.

d) Sérvia, apesar de não ter o controle político da ex-Iugoslávia, era a província mais rica, situação alcançada graças à condução do sérvio Joseph Broz Tito que canalizava os recursos para a república.

e) Em Kossovo, a maioria cristã sempre alimentou o desejo separatista de juntar-se à Albânia, uma vez que os kossovares igualmente são, majoritariamente, albaneses.

2. (UEM-PR) Sobre os conflitos na Ásia e no leste europeu, assinale o que for correto.

(01) A Iugoslávia iniciou a sua unificação em 1991, ao término de uma violenta guerra civil entre grupos teocráticos que disputavam territórios. No processo de unificação, foram anexados ao seu território três antigos países: Macedônia, Kosovo e Montenegro.

(02) Os confrontos entre a Índia (maioria de religião hindu) e o Pasquitão (maioria mulçumana) têm sido violentos desde 1947, quando a região da Caxemira foi anexada à Índia. Como a Caxemira é de maioria mulçumana, a população deseja a unificação com o Paquistão. Essa rivalidade entre os dois países aprofundou-se, quando se tornou público, em 1998, que os dois países possuíam armas nucleares.

(04) Os conflitos no Afeganistão duram há mais de três décadas. Em 2001, os atentados nos Estados Unidos e o suposto abrigo dado pelo Afeganistão a Osama Bin Laden, líder da Al Qaeda, motivaram uma invasão desse país por uma coalizão liderada pelos Estados Unidos.

(08) Os bascos, de etnia mulçumana, são povos concentrados entre a China e o Nepal, que lutaram para formar um país independente. Em 1999, depois de violentos conflitos, apoiados pela Rússia, esta etnia conquistou seu território, que atualmente é conhecido como Sérvia.

(16) O Cáucaso está situado entre o mar Cáspio e o mar Negro, abrigando diversas etnias de religião cristã ou islâmica, que falam dezenas de línguas. Trata-se de uma área de tensões: as lutas que se deram inicialmente entre os impérios Russo, Turco-Otomano e Persa e, posteriormente, entre os estados modernos, duram há mais de três séculos.

3. (UERJ) Uma das contradições que afetam as sociedades africanas é a não correspondência entre as fronteiras territoriais dos diversos Estados nacionais e as divisões entre grupos étnicos locais, como se observa no mapa abaixo:

Adaptado de: OLIC, Nelson Bacic; CANEPA, Beatriz. *África*: Terra, sociedades e conflitos. São Paulo: Moderna, 2012.

Na maioria dos países africanos, essa contradição provoca, principalmente, o seguinte efeito:

a) déficit comercial

b) instabilidade política

c) degradação ambiental

d) dependência financeira

4. (UPE) Populações inteiras são, às vezes, expulsas de seus territórios. Esses povos sem território ficam acuados e privados de seus direitos de cidadania e passam a viver em condições extremamente precárias. Exemplifica esse fato a guerra entre as etnias hutu e tutsi, que provocou aproximadamente meio milhão de refugiados. Essa desterritorialização aconteceu na (no, em)

a) Croácia.

b) Eritreia.

c) Azerbaijão.

d) Afeganistão.

e) Ruanda.

5. (ESPM-SP) Observe o texto e o mapa abaixo:

Sudão do Sul, independente e vulnerável

No sábado 9, o mundo ganhou um novo país: o Sudão do Sul. A nação, maior que a Bahia, nasce carregando o título do Estado mais pobre do mundo, onde três dos estimados nove milhões de habitantes precisam de ajuda humanitária para se alimentar e 90% vivem com até 50 centavos de dólar por dia (cerca de 0,80 centavos de reais).

Carta Capital. Disponível em: <www.cartacapital.com.br/internacional/sudao-do-sul-independente-e-vulneravel>. Acesso em: 29 jul. 2014.

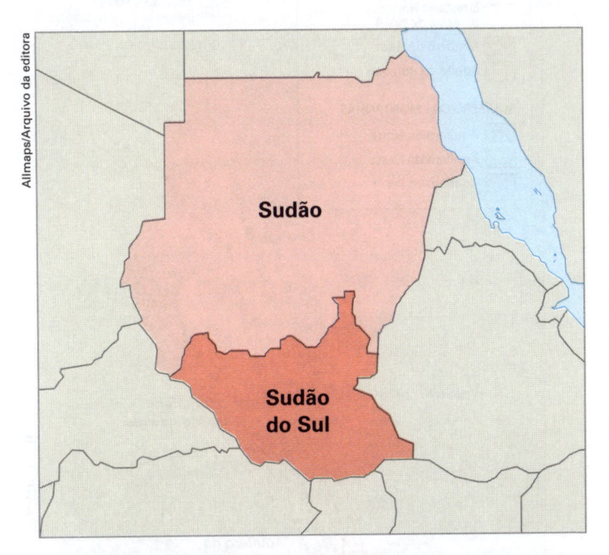

Allmaps/Arquivo da editora

Em relação à geografia do novo país, está correto afirmar:

a) Localizado na África Austral, as ricas jazidas de ferro e cobre apresentam-se como oportunidades futuras em melhores dias para amenizar o alto índice de miséria existente.

b) Localizado entre a África Oriental e Central, e de maioria cristã e animista em oposição ao norte islâmico, o Sudão do Sul vê no petróleo as melhores perspectivas futuras.

c) Localizado na África Ocidental, o novo país tem nas áreas de *plantation* a base da economia exportadora de gêneros tropicais, como cacau e açúcar.

d) O conflito étnico entre tutsis e hutus levou a um genocídio nesse novo país da África Oriental, cuja separação em duas partes pareceu ser a única solução possível.

e) O novo país de maioria islâmica localiza-se na África Setentrional e o clima mediterrâneo favorece o cultivo de videiras e oliveiras, os principais produtos de exportação.

6. (UERJ) A Declaração Universal dos Direitos Humanos (ONU, 1948) conta hoje com a adesão da maioria dos Estados nacionais. O conteúdo desse documento, no entanto, permanece como um ideal a ser alcançado. Observe o que está disposto em seu artigo XV:

1. *Toda pessoa tem direito a uma nacionalidade.*
2. *Ninguém será arbitrariamente privado de sua nacionalidade, nem do direito de mudar de nacionalidade.*

Disponível em: <portal.mj.gov.br>. Acesso em: 29 jul. 2014.

Desde a década de 1960, em virtude de conflitos, o direito expresso nesse artigo vem sendo sonegado à maior parte da população pertencente ao seguinte povo e respectivo recorte espacial:

a) árabe – regiões ocupadas pela Índia

b) esloveno – distritos anexados pela Sérvia

c) palestino – territórios controlados por Israel

d) afegão – províncias dominadas pelo Paquistão

7. (UEPB)

Estou viajando mãe. Perdoe-me. Reprovação e culpa não vão ser úteis. Estou perdido e está fora das minhas mãos. Perdoe-me se não fiz como você disse e desobedeci suas ordens. <u>Culpe a era em que vivemos, não me culpe</u>. (grifo nosso)

Disponível em: <http://tataunews.blogspot.com/2011/04/mohamed-bouazizi-o-heroi-de-nietzsche.html>. Acesso em: 29 jul. 2014.

O depoimento do jovem vendedor de verduras, Mohamed Bouazizi, de 26 anos, da Tunísia, que, indignado pela apreensão de sua mercadoria e pelas humilhações sofridas, ateou fogo a si mesmo e morreu em frente ao prédio da prefeitura da cidade de Sidi Bouzid, foi o estopim que desencadeou todo o movimento contra os regimes autoritários em países do mundo islâmico. O mesmo reflete:

I. Um aspecto da cultura islâmica pelo qual se acredita que ao morrer por uma causa justa se tem como recompensa o paraíso.

II. A desilusão da população do mundo árabe, sobretudo dos mais jovens, com a falta de perspectiva, os altos índices de desemprego e o autoritarismo e corrupção das elites dominantes.

III. O fundamentalismo de grupos islâmicos que pregam um Estado teocrático e a "guerra santa" contra os valores ocidentais.

IV. O encantamento e desejo de aproximação dos jovens islâmicos com o modelo ocidental, sobretudo o modelo de democracia, visto que todos esses governos hoje questionados são inimigos declarados dos Estados Unidos.

Está(ão) correta(s) apenas

a) a proposição II.

b) a proposição IV.

c) as proposições I, II e IV.

d) as proposições III e IV.

e) as proposições I, II e III.

8. (Unioeste-PR) A figura abaixo apresenta a atual distribuição territorial de um espaço historicamente conflituoso no Oriente Médio.

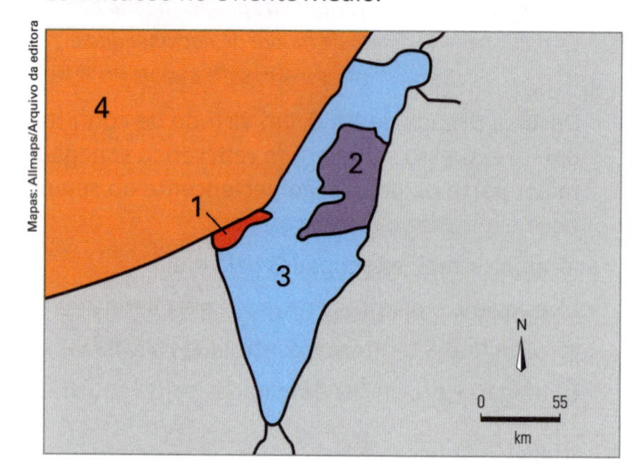

Mapas: Allmaps/Arquivo da editora

Considerando as áreas numeradas na figura, assinale a alternativa correta.

a) A figura representa o espaço de conflito entre o Iraque e o Kuwait e as áreas 1, 2, 3 e 4 correspondem, respectivamente, ao Kuwait, à Síria, ao Iraque e à Arábia Saudita.

b) A figura representa o espaço de conflito entre palestinos e israelenses e as áreas 1, 2, 3 e 4 correspondem, respectivamente, ao Líbano, à Palestina, a Israel e ao Mar Mediterrâneo.

c) A figura representa o espaço de conflito entre palestinos e israelenses e as áreas 1, 2, 3 e 4 correspondem, respectivamente, à Faixa de Gaza, à Cisjordânia, a Israel e ao Mar Mediterrâneo.

d) A figura representa o espaço de conflito entre o Iraque e o Kuwait e as áreas 1, 2, 3 e 4 correspondem, respectivamente, ao Kuwait, ao Irã, ao Iraque e ao Golfo Arábico.

e) A figura representa o espaço de conflito entre Índia e Paquistão e as áreas 1, 2, 3 e 4 correspondem, respectivamente, à Caxemira, ao Afeganistão, ao Paquistão e à Índia.

9. (FGV-SP)

O Conselho de Segurança da ONU aprovou nesta quarta-feira [3 de agosto de 2011] uma resolução condenando o presidente Bashar al-Assad pela violenta repressão às manifestações pró-democracia no país.

Disponível em: <http://noticias.uol.com.br/bbc/2011/08/03/em-meio-a-mais-violencia-conselho-da-onu-aprova-resolucao-contra-siria.jhtm>. Acesso em: 29 jul. 2014.

Sobre a crise da Síria, iniciada em março de 2011, e suas repercussões, assinale a alternativa correta:

a) O Brasil não integra o Conselho de Segurança da ONU e, portanto, não assinou a resolução citada na reportagem.

b) Assim como ocorreu no Egito, as manifestações na Síria contam com o apoio de parcela importante das forças armadas.

c) As manifestações pró-democracia contam com o apoio do partido nacionalista Baath, único movimento oposicionista legalizado na Síria.

d) As manifestações visam pôr um fim ao regime da família Assad, no poder desde 1971.

e) A Liga Árabe classifica as manifestações da Síria como atos de vandalismo e condena qualquer forma de ingerência internacional na crise enfrentada pelo país.

10. (Unesp-SP)

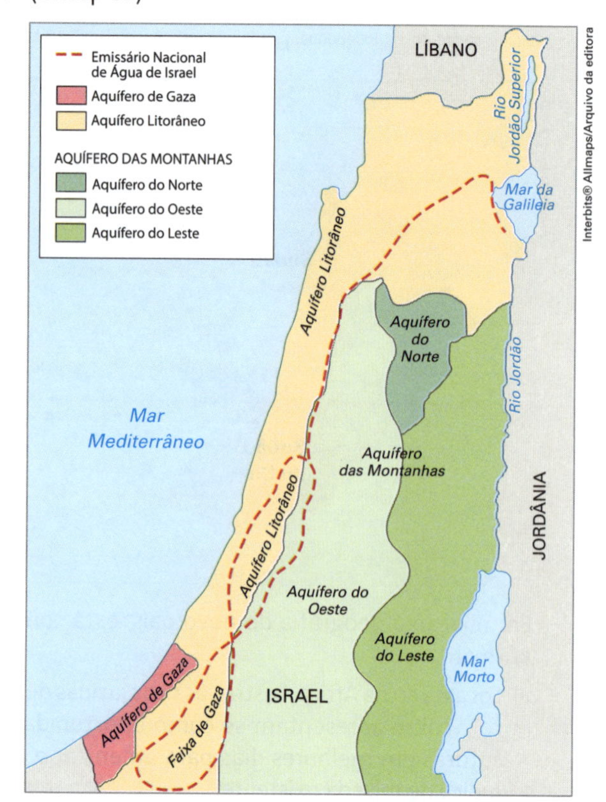

Interbits® Allmaps/Arquivo da editora

No Oriente Médio, a água é um recurso precioso e uma fonte de conflito. A escassez de recursos hídricos está aumentando as tensões políticas entre países e dentro deles, e entre as comunidades e os interesses comerciais. A Guerra dos Seis Dias, em 1967, foi, em parte, a resposta de Israel à proposta da Jordânia de desviar o rio Jordão para seu próprio uso. A terra tomada na guerra deu-lhe acesso não apenas às águas das cabeceiras do Jordão, como também o controle do aquífero que há por baixo da Cisjordânia, aumentando assim os recursos hídricos em quase 50%.

Adaptado de: Robin Clarke e Jannet King. *O atlas da água*, 2005.

A partir da leitura do mapa e do texto, pode-se afirmar que a água é uma questão importante nas negociações entre

a) o Iraque e os turcos.

b) os palestinos e a Síria.

c) o Líbano e a Síria.

d) os iranianos e o Iraque.

e) Israel e os palestinos.

11. (UERJ) Observe a imagem abaixo, do episódio ocorrido nos EUA, no dia 11 de setembro de 2001.

Robert Clark/Reprodução/Prova da UERJ

Disponível em: <blog. estadao.com.br>. Acesso em: 29 jul. 2014.

A queda das torres do World Trade Center foi certamente a mais abrangente experiência de catástrofe que se tem na História, inclusive por ter sido acompanhada em cada aparelho de televisão, nos dois hemisférios do planeta. Nunca houve algo assim. E sendo imagens tão dramáticas, não surpreende que ainda causem forte impressão e tenham se convertido em ícones. Agora, elas representam uma guinada histórica?

ERIC HOBSBAWM (10/09/2011)
Disponível em: <www.estadao.com.br>. Acesso em: 29 jul. 2014.

A guinada histórica colocada em questão pelo historiador Eric Hobsbawm associa-se à seguinte repercussão internacional da queda das torres do World Trade Center:

a) concentração de atentados terroristas na Ásia Meridional

b) crescimento do movimento migratório de grupos islâmicos

c) intensificação da presença militar norte-americana no Oriente Médio

d) ampliação da competição econômica entre a União Europeia e os países árabes

Questões

12. (UFPR) No livro *O fim do Estado-nação*, de Kenichi Ohmae, a existência do Estado-nação é questionada. Entretanto, ainda se observa que muitos povos reivindicam a criação de um Estado para si, como é o caso dos palestinos e dos curdos. Caracterize o que é um Estado e por que os povos buscam criá-lo.

13. (Fuvest-SP) O conflito envolvendo Geórgia e Rússia, aprofundado em 2008, foi marcado por ampla repercussão internacional. Outros conflitos, envolvendo países da ex-União Soviética, também ocorreram.

a) Explique a relação entre o fim da União Soviética e a proliferação de movimentos separatistas na região.

b) Explique como a Rússia reagiu ao movimento pela independência da Ossétia do Sul e aponte as razões que motivaram essa reação.

c) Cite outro exemplo de movimento separatista recente nessa região.

14. (UFC-CE) A África vem passando por transformações profundas, ocorridas no século XX, após o processo de descolonização e a criação dos Estados-Nações. As questões a seguir tratam de transformações e problemas que ocorrem ou ocorreram no continente africano.

a) Responda o que se pede a seguir.

I. A partir de que década ocorreram as liberações das colônias?

II. Como passou a ser denominada, a partir de 2002, a Organização de Unidade Africana (OUA), criada em 1961?

b) Cite o nome de duas nações africanas que possuem conflitos étnicos.

c) Defina *"apartheid"*.

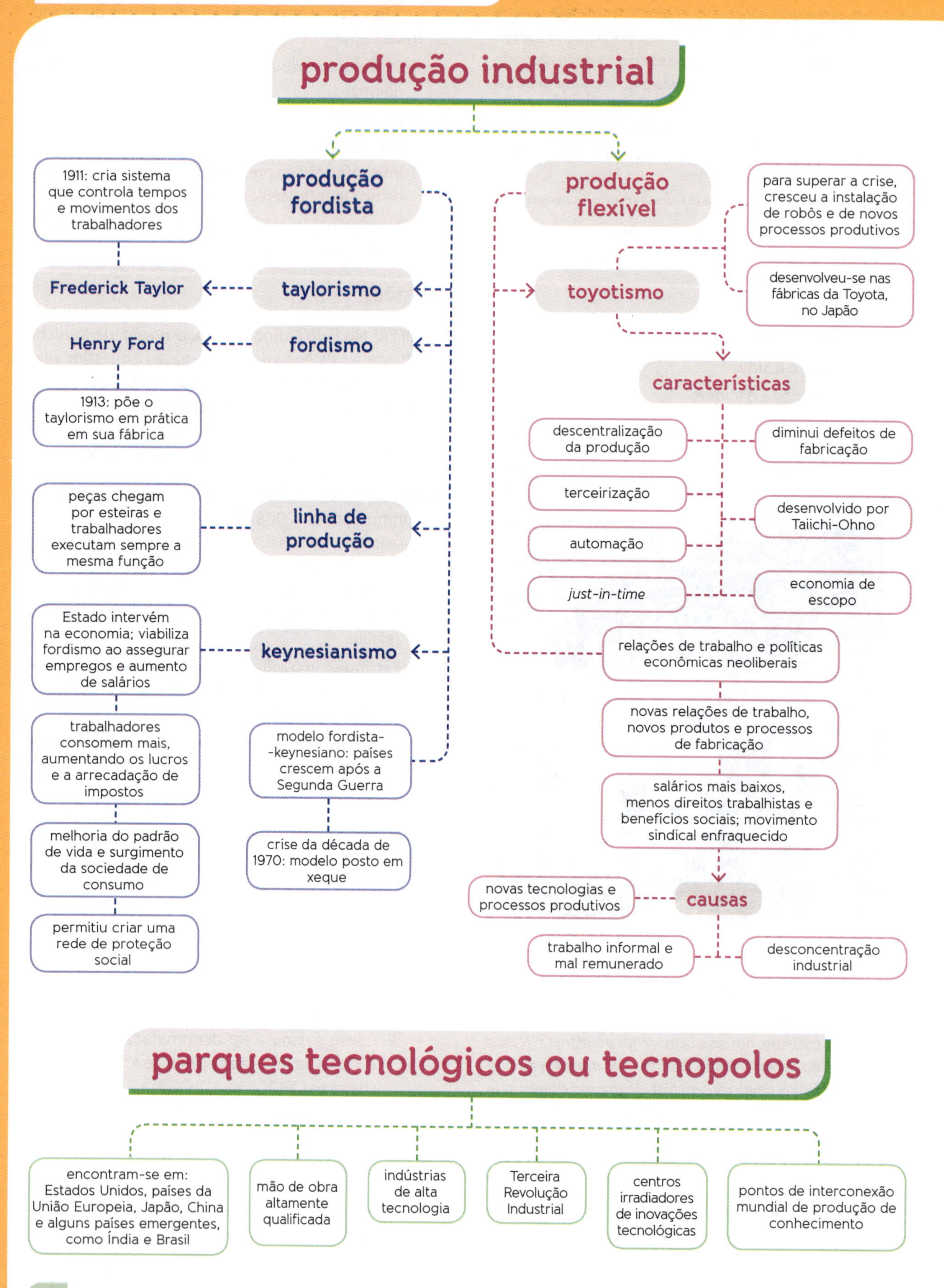
produção industrial
produção fordista
1911: cria sistema que controla tempos e movimentos dos trabalhadores
Frederick Taylor
taylorismo
Henry Ford
fordismo
1913: põe o taylorismo em prática em sua fábrica
peças chegam por esteiras e trabalhadores executam sempre a mesma função
linha de produção
Estado intervém na economia; viabiliza fordismo ao assegurar empregos e aumento de salários
keynesianismo
trabalhadores consomem mais, aumentando os lucros e a arrecadação de impostos
melhoria do padrão de vida e surgimento da sociedade de consumo
permitiu criar uma rede de proteção social
modelo fordista-keynesiano: países crescem após a Segunda Guerra
crise da década de 1970: modelo posto em xeque
produção flexível
para superar a crise, cresceu a instalação de robôs e de novos processos produtivos
desenvolveu-se nas fábricas da Toyota, no Japão
toyotismo
características
descentralização da produção
terceirização
automação
just-in-time
diminui defeitos de fabricação
desenvolvido por Taiichi-Ohno
economia de escopo
relações de trabalho e políticas econômicas neoliberais
novas relações de trabalho, novos produtos e processos de fabricação
salários mais baixos, menos direitos trabalhistas e benefícios sociais; movimento sindical enfraquecido
causas
novas tecnologias e processos produtivos
trabalho informal e mal remunerado
desconcentração industrial
parques tecnológicos ou tecnopolos
encontram-se em: Estados Unidos, países da União Europeia, Japão, China e alguns países emergentes, como Índia e Brasil
mão de obra altamente qualificada
indústrias de alta tecnologia
Terceira Revolução Industrial
centros irradiadores de inovações tecnológicas
pontos de interconexão mundial de produção de conhecimento

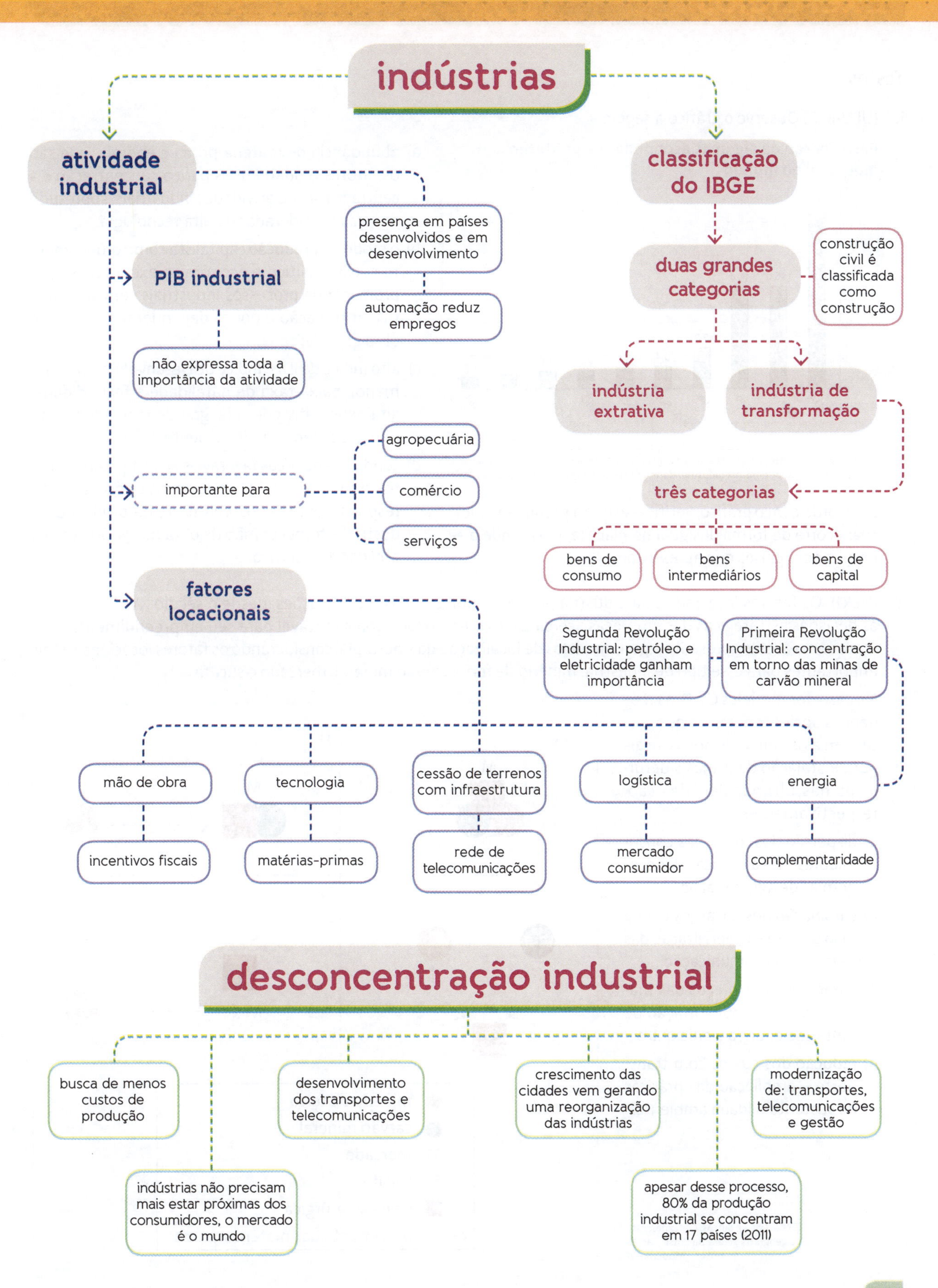

indústrias
atividade industrial
presença em países desenvolvidos e em desenvolvimento
automação reduz empregos
PIB industrial
não expressa toda a importância da atividade
importante para
agropecuária
comércio
serviços
fatores locacionais
mão de obra
incentivos fiscais
tecnologia
matérias-primas
cessão de terrenos com infraestrutura
rede de telecomunicações
logística
mercado consumidor
energia
complementaridade
classificação do IBGE
duas grandes categorias
construção civil é classificada como construção
indústria extrativa
indústria de transformação
três categorias
bens de consumo
bens intermediários
bens de capital
Segunda Revolução Industrial: petróleo e eletricidade ganham importância
Primeira Revolução Industrial: concentração em torno das minas de carvão mineral
desconcentração industrial
busca de menos custos de produção
indústrias não precisam mais estar próximas dos consumidores, o mercado é o mundo
desenvolvimento dos transportes e telecomunicações
crescimento das cidades vem gerando uma reorganização das indústrias
apesar desse processo, 80% da produção industrial se concentram em 17 países (2011)
modernização de: transportes, telecomunicações e gestão

Exercícios

Testes

1. (UFU-MG) Observe o gráfico a seguir.

Participação de algumas economias na produção industrial do mundo

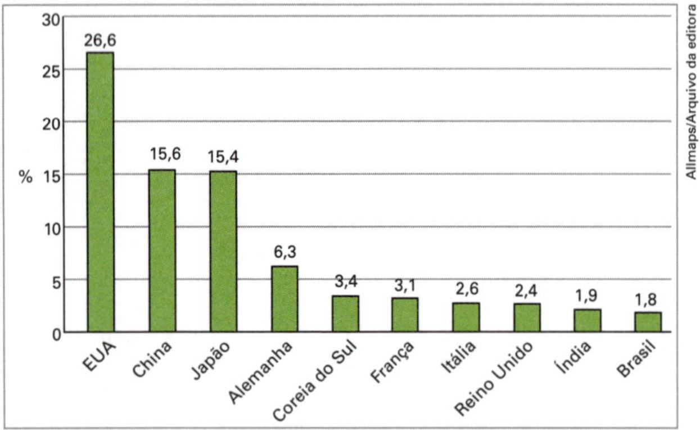

Disponível em: <http://economia.estadao.com.br/noticias/economia,superado-pela-india-brasil-e-10-maior-produtor-industrial-do-mundo,14393,0.htm>. Acesso em: 29 jul. 2014.

De acordo com o gráfico, verifica-se que a produção industrial ocorre de forma desigual no planeta, pois tende a se localizar em países que apresentam

a) abundância de matéria-prima e energia, que são os fatores fundamentais para a concentração e a centralização de atividades industriais, sobretudo aquelas consideradas de alta tecnologia.

b) o modo de produção capitalista como ordenamento social, político e econômico exclusivo, sendo promotor de processos industriais com significativa automação e pouco dependente de mão de obra especializada.

c) alto índice de IDH (Índice de Desenvolvimento Humano), baixa taxa de natalidade e fecundidade, alta expectativa de vida, grande mercado consumidor e sistema viário eficiente.

d) condições políticas favoráveis aos empreendimentos e um expressivo contingente populacional, responsável por consumir parte da produção industrial e fornecer mão de obra necessária para a atividade produtiva.

2. (UERJ) Os fatores locacionais da indústria passaram por grandes modificações, desde o século XVIII, alterando as decisões estratégicas das empresas acerca da escolha do local mais rentável para seu empreendimento.
O esquema abaixo apresenta alguns modelos de localização da siderurgia, considerando os fatores locacionais mais importantes para esse tipo de indústria: minério de ferro, carvão mineral, mercado e sucata.

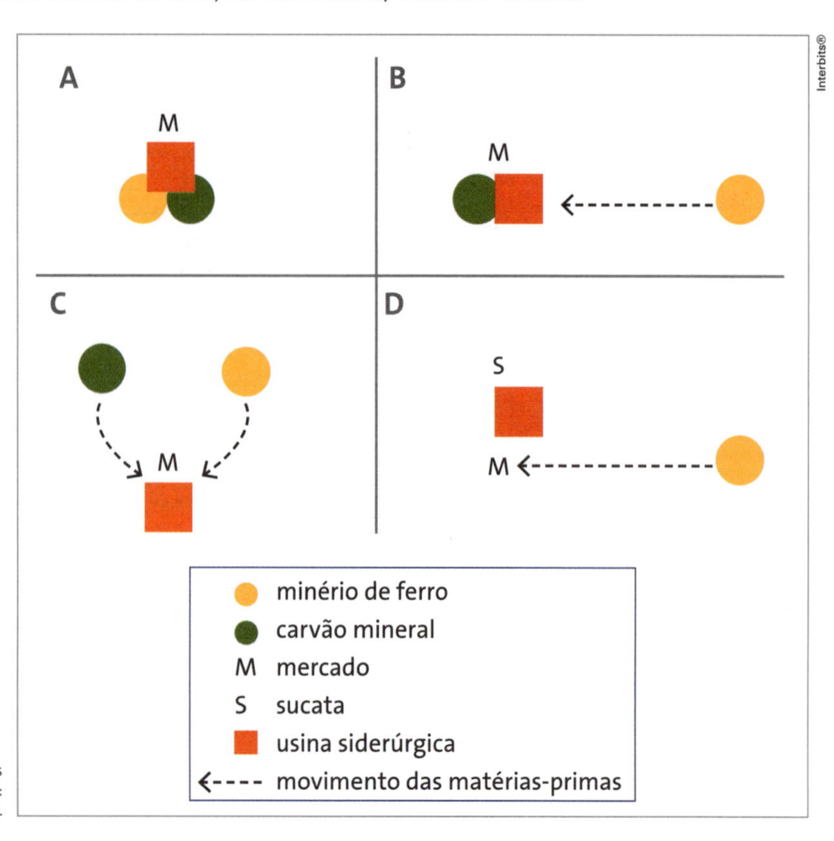

TERRA, Lygia e outros. *Conexões*: estudos de geografia geral e do Brasil. São Paulo: Moderna, 2008.

No caso dos modelos C e D, as mudanças socioeconômicas que justificam as escolhas de novos locais para instalação de usinas siderúrgicas nas últimas décadas são, respectivamente:

a) dispersão dos mercados consumidores – revalorização das economias de aglomeração

b) eliminação dos encargos com a mão de obra – generalização das redes de telecomunicação

c) diminuição dos preços das matérias-primas – substituição de fontes de energia tradicionais

d) redução dos custos com transporte – ampliação das práticas de sustentabilidade ambiental

3. (Uespi) Nos primórdios do século XX, surgiram, nos Estados Unidos, o "Taylorismo" e o "Fordismo", que são assuntos amplamente estudados pela Geografia. Esses assuntos se referem diretamente à:

a) repressão aos movimentos sindicais nas grandes indústrias do país.

b) adoção de uma rígida política de substituição de importações.

c) implantação de novos métodos de organização do trabalho.

d) política de utilização da máquina a vapor na indústria de tecidos.

e) política de abolição da rotatividade de trabalhadores frequente nas indústrias.

4. (UERJ) Andy Warhol (1928-1987) é um artista conhecido por criações que abordaram valores da sociedade de consumo; em especial, o uso e o abuso da repetição. Esses traços estão presentes, por exemplo, na obra que retrata as latas de sopa Campbell's, de 1962.

Fonte: www.moma.org

O modelo de desenvolvimento do capitalismo e o correspondente elemento da organização da produção industrial representados neste trabalho de Warhol estão apontados em:

a) taylorismo – produção flexível

b) fordismo – produção em série

c) toyotismo – fragmentação da produção

d) neofordismo – terceirização da produção

5. (UFSJ-MG) Observe a imagem abaixo.

Reprodução/JWT

A montadora Ford, de capital norte-americano, anunciou hoje (04/01/2012) a produção global de um modelo de utilitário esportivo, o EcoSport, projetado por cerca de 1,2 mil engenheiros brasileiros e argentinos no centro de desenvolvimento da companhia em Camaçari, na Bahia. O carro, que deverá ser vendido em 100 países, será produzido nas fábricas da Ford na Bahia, na Tailândia e na Índia.

Disponível em: <http://agenciabrasil.ebc.com.br/noticia/2012-01-04/modelo-de-carro-concebido-no-brasil-vira-produto-global>. Acesso em: 10 ago. 2014.

Assinale a alternativa que apresenta características da produção industrial atual representada pelo lançamento do novo EcoSport.

a) Estreita relação entre pesquisa e tecnologia e desconcentração industrial na produção de produtos globais.

b) Rígida padronização (estandartização) dos produtos com o objetivo de atender o gosto dos clientes.

c) Produção baseada no modelo *just in time*, que exige grandes almoxarifados no interior das fábricas.

d) Linha de produção fordista, com eliminação da terceirização na produção e na incorporação de mão de obra pouco qualificada de países em desenvolvimento.

6. (FGV-SP) Observe a charge a seguir.

Delucq/Reprodução/Prova da FGV

Com base na leitura da charge e nos conhecimentos sobre a conjuntura econômica mundial, pode-se concluir que

a) a revolução técnico-científica tem redefinido o mercado de trabalho, esvaziando os setores primário e terciário dos países mais desenvolvidos.

b) o crescimento da interdependência econômica entre os países tem transformado o mundo do trabalho em uma aldeia global.

c) a mundialização do consumo de bens industriais tem exigido cada vez mais mão de obra qualificada para atender à demanda mundial.

d) as migrações internacionais têm representado a introdução de mão de obra jovem em áreas cuja população se caracteriza pelo envelhecimento.

e) a reorganização do espaço industrial no mundo avança com o surgimento de novos países emergentes e as crises de desemprego nos velhos países industriais.

7. (UERJ)

3ª do plural (Engenheiros do Hawaii)

Corrida pra vender cigarro
Cigarro pra vender remédio
Remédio pra curar a tosse
Tossir, cuspir, jogar pra fora
Corrida pra vender os carros
Pneu, cerveja e gasolina
Cabeça pra usar boné
E professar a fé de quem patrocina
Querem te matar a sede, eles querem te sedar
Eles querem te vender, eles querem te comprar
(...)

Corrida contra o relógio
Silicone contra a gravidade
Dedo no gatilho, velocidade
Quem mente antes diz a verdade
Satisfação garantida
Obsolescência programada
Eles ganham a corrida antes mesmo da largada
(...)

Disponível em: <letras.terra.com.br>. Acesso em: 29 jul. 2014.

Os diferentes modelos produtivos de cada momento do sistema capitalista sempre foram o resultado da busca por caminhos para manter o crescimento da produção e do consumo. A crítica ao sistema econômico presente na letra da canção está relacionada à seguinte estratégia própria do atual modelo produtivo toyotista:

a) aceleração do ciclo de renovação dos produtos
b) imposição do tempo de realização das tarefas fabris
c) restrição do crédito rápido para o consumo de mercadorias
d) padronização da produção dos bens industriais de alta tecnologia

8. (Cefet-MG)

Nas últimas décadas, o setor do trabalho assalariado nas regiões da tríade contraiu-se de modo significativo. A redução da renda do trabalhador dependente atingiu no decorrer dos últimos anos todos os segmentos da classe operária, incluindo o assim chamado núcleo ocupacional da grande indústria. Um quarto de todos os que são obrigados ao trabalho dependente não consegue mais manter o próprio padrão de vida além do nível de pobreza, mesmo com horas e mais horas extras.

ROTH, Karl Heinz. "Crise global, proletarização global, contraperspectivas". In: FUMAGALLI, A; MEZZADRA, S. (Org.). *A crise da economia global*: mercados financeiros, lutas sociais e novos cenários políticos. Rio de Janeiro: Civilização Brasileira, 2011. p. 269-320.

O fragmento refere-se às alterações ocorridas na atualidade no mundo do trabalho nas regiões da tríade. Nesse contexto, um fator que contribui diretamente para essas mudanças é a(o)

a) incremento da atuação da Organização Internacional do Trabalho no combate às atividades trabalhistas informais.
b) ampliação do desemprego de nativos na zona do Euro devido ao intenso fluxo de imigrantes nos últimos anos.
c) transferência de postos de trabalho dos países centrais para os periféricos com o intuito de atenuar custos de produção.
d) decréscimo da produção industrial do país mais desenvolvido da Europa, impactando as contratações nos demais continentes.
e) adoção pela China dos moldes nipônicos de produção, culminando na liberação de mão de obra nos grandes centros industriais.

9. (UEPA) A globalização configura-se um processo que tem uma base histórica e está diretamente relacionada às mudanças na estruturação da produção na sociedade capitalista. Seus aspectos se associam às transformações das técnicas e formas de produção, localização, circulação e acumulação dentro do capitalismo.
A partir da leitura do texto e de seus conhecimentos geográficos sobre as transformações geradas pelo processo de globalização, é correto afirmar que:

a) atualmente, tem ocorrido uma redução das instalações de multinacionais em países emergentes como a China devido à abundância de mão de obra especializada e maiores custos de matéria-prima associados aos altos salários, possibilitando que esse país tenha custos de produção inferiores aos de outros países e maiores margens de lucro.
b) a partir do novo padrão tecnológico, existe uma desigual distribuição espacial da produção de alto valor agregado, ou seja, aqueles produtos que necessitam de um intenso uso de tecnologia de ponta em sua produção se concentram, especialmente, nos países economicamente desenvolvidos.
c) no atual contexto de globalização, países emergentes assumem o papel de fornecedores de matéria-prima e de produtos industrializados que necessitam de baixa tecnologia, em razão de suas economias concentrarem-se em pequenos avanços na informática, nas telecomunicações e nas tecnologias de ponta, a exemplo do que ocorre na Índia.
d) as multinacionais, atualmente, concentram suas filiais em países economicamente desenvolvidos na busca de mercados consumidores em expansão com o objetivo de investir na produção de bens para além de suas fronteiras nacionais.
e) na atual fase da globalização, empresas multinacionais subcontratam outras, desenvolvem centros gestores e uma estrutura de produção e organização concentrada. É nesse momento que as redes passam a ter menor relevância na circulação de informações, capitais e mercadorias nos países economicamente desenvolvidos.

10. (UEL-PR) Leia o texto a seguir.

Nesse estágio de desenvolvimento capitalista (hoje, de um modo geral, terminado), a taxa de crescimento e lucro era proporcional ao volume de trabalho empenhado no processo produtivo. O funcionamento do mercado capitalista era notório por seus altos e baixos, por períodos de expansão seguidos de depressões proteladas; assim, nem todos os recursos laborais potencialmente disponíveis puderam ser empregados o tempo todo. Mas aqueles que estavam ociosos eram a força de trabalho ativa de amanhã: naquele momento, mas apenas de maneira temporária, estavam desempregados; pessoas em uma condição anormal, mas transitória e retificável. Eram o exercício de reserva de trabalhadores – o status deles era definido não pelo que eram no momento, mas por aquilo em que estavam dispostos a se transformar quando o tempo chegasse.

Como qualquer general diria, cuidar da força militar da nação requer que os reservistas estejam nutridos e mantidos em boa saúde, a fim de que estejam prontos para enfrentar as tensões da vida no Exército quando forem chamados para o serviço ativo.

BAUMAN, Z. *A sociedade individualizada:* vidas contadas e histórias vividas. Trad. José Gradel. Rio de Janeiro: Jorge Zahar, 2008. p. 98.

Com base no texto, considere as afirmativas a seguir.

I. Esse estágio de desenvolvimento caracterizou-se pelo aumento gradativo dos níveis de emprego e de renda da maior parte da população urbana e, em decorrência desta dinâmica socioeconômica, houve a redução da pobreza.

II. No estágio de desenvolvimento capitalista industrial, verificava-se um excedente de mão de obra gerado pela mecanização do final do século XIX e início do XX, acentuando significativamente os níveis de desemprego, subemprego e pobreza.

III. Esse estágio de desenvolvimento pode ser considerado a fase do capitalismo flexível, pautado nos princípios de flexibilidade, concorrência e produtividade, medidos pelos custos laborais decorrentes.

IV. Nesse estágio, a pobreza e a desigualdade eram vitais para o capitalismo, pois o exército industrial de reserva era indispensável ao seu mecanismo social, tanto quanto a reserva de máquinas e de matérias-primas nas fábricas.

Assinale a alternativa correta.

a) Somente as afirmativas I e II são corretas.
b) Somente as afirmativas I e III são corretas.
c) Somente as afirmativas II e IV são corretas.
d) Somente as afirmativas I, III e IV são corretas.
e) Somente as afirmativas II, III e IV são corretas.

Questões

11. (Unesp-SP) As figuras ilustram dois modelos de organização da produção industrial que revolucionaram o mundo do trabalho durante o século XX. Identifique esses modelos e discorra sobre duas características de cada um deles.

Modelo 1

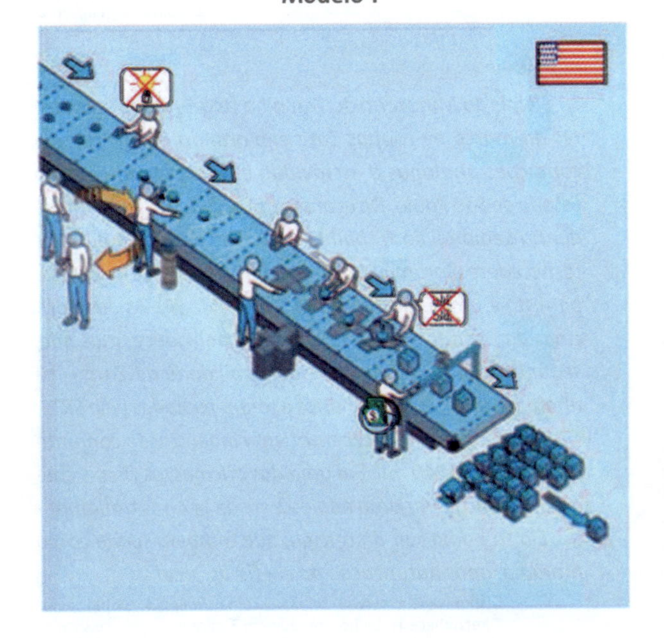

Modelo 2

Disponível em: Tincho Sstereo. <www.behance.net>. Acesso em: 29 jul. 2014.

12. (Fuvest-SP) Os centros de inovação tecnológica são exemplos de transformações espaciais originados da chamada Terceira Revolução Industrial.

Centros de inovação tecnológica

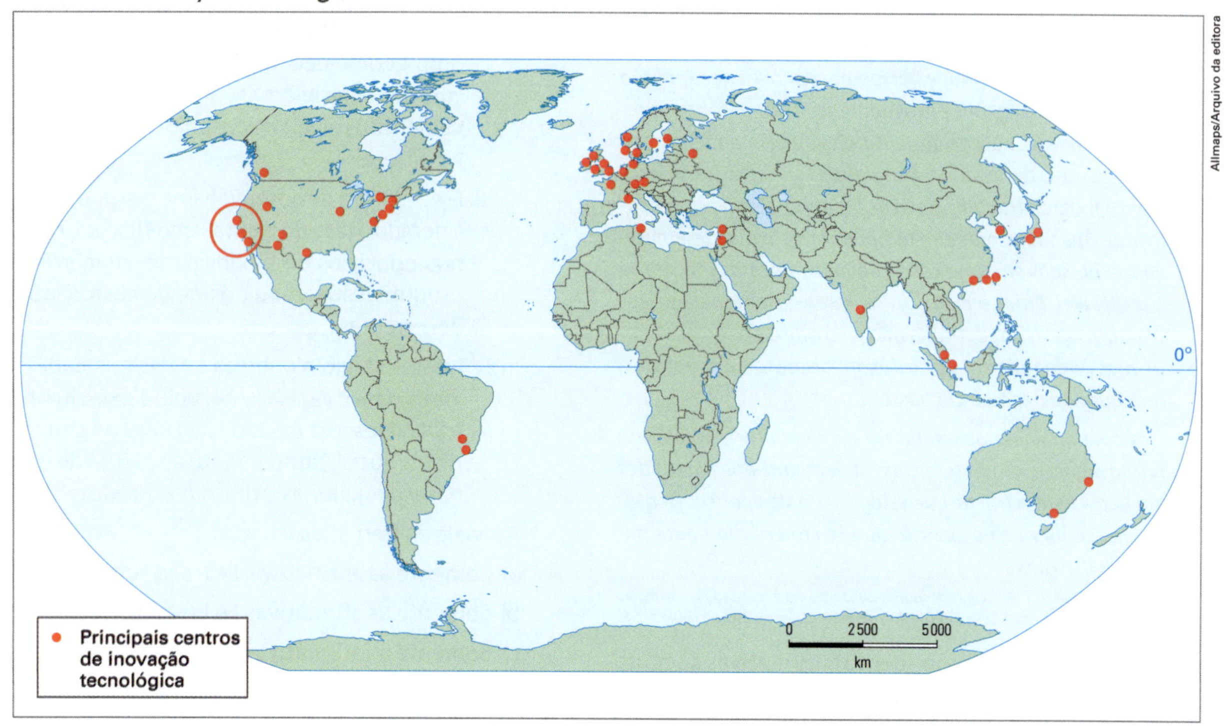

Adaptado de: PNUD, 2001.

Com base no mapa e em seus conhecimentos,

a) aponte duas características da Terceira Revolução Industrial que favoreceram o aparecimento dos centros de inovação tecnológica. Explique.

b) identifique e caracterize o conjunto de centros de inovação tecnológica destacado na porção sudoeste dos Estados Unidos.

13. (UFG-GO) Uma das questões principais no processo produtivo capitalista é a agregação de valor ao produto, condição essencial para uma melhor distribuição de renda na relação entre capital e trabalho. Considerando-se o exposto,

a) indique como um produto/mercadoria pode ter alto valor agregado;

b) cite dois exemplos de produtos com alto valor agregado;

c) cite dois exemplos de produtos com baixo valor agregado.

14. (UFPR) Comparando os dois textos a seguir, aborde as implicações dos conceitos de *flexibilidade*, *internacionalização* e *terceirização*.

Texto 1

A Inditex, um dos maiores grupos de distribuição de moda em nível mundial, conta com mais de 5 000 lojas em 77 países na Europa, América, Ásia e África. Para além da Zara, a maior das suas cadeias comerciais, a Inditex conta com outros formatos: Pull&Bear, Massimo Dutti, Bershka, Stradivarius, Oysho, Zara Home e Uterque. O seu singular modelo de gestão, baseado na inovação e na flexibilidade, e a sua forma de entender a moda [...] permitiram-lhe uma expansão internacional rápida e uma excelente aceitação dos seus diferentes conceitos comerciais.

Disponível em: <www.joinfashioninditex.com/joinfashion/>. Acesso em: 29 jul. 2014.

Texto 2

Fiscais do Ministério do Trabalho flagraram fornecedores da marca de roupas Zara explorando bolivianos em condições análogas à escravidão em três confecções no Estado de São Paulo. De acordo com a SRTE/SP (Superintendência Regional do Trabalho e Emprego de São Paulo), três fornecedoras foram alvo da investigação – duas na capital paulista e uma em Americana (127 km de SP). As duas oficinas da capital – de propriedade de bolivianos, mas que, segundo a SRTE, eram de responsabilidade da Zara – tinham, ao todo, 15 funcionários e foram fechadas pela SRTE. Os 15 trabalhadores receberam uma indenização conjunta no valor de R$ 140 mil. Em uma das oficinas, os fiscais chegaram a encontrar uma adolescente de 14 anos trabalhando. Ela só podia sair da oficina, que também servia como moradia, após autorização da chefia do local.

Disponível em: <www1.folha.uol.com.br/mercado/961047-zara-reconhece-trabalho-irregular-em-3-confeccoes-de-sp.shtml>. Acesso em: 29 jul. 2014.

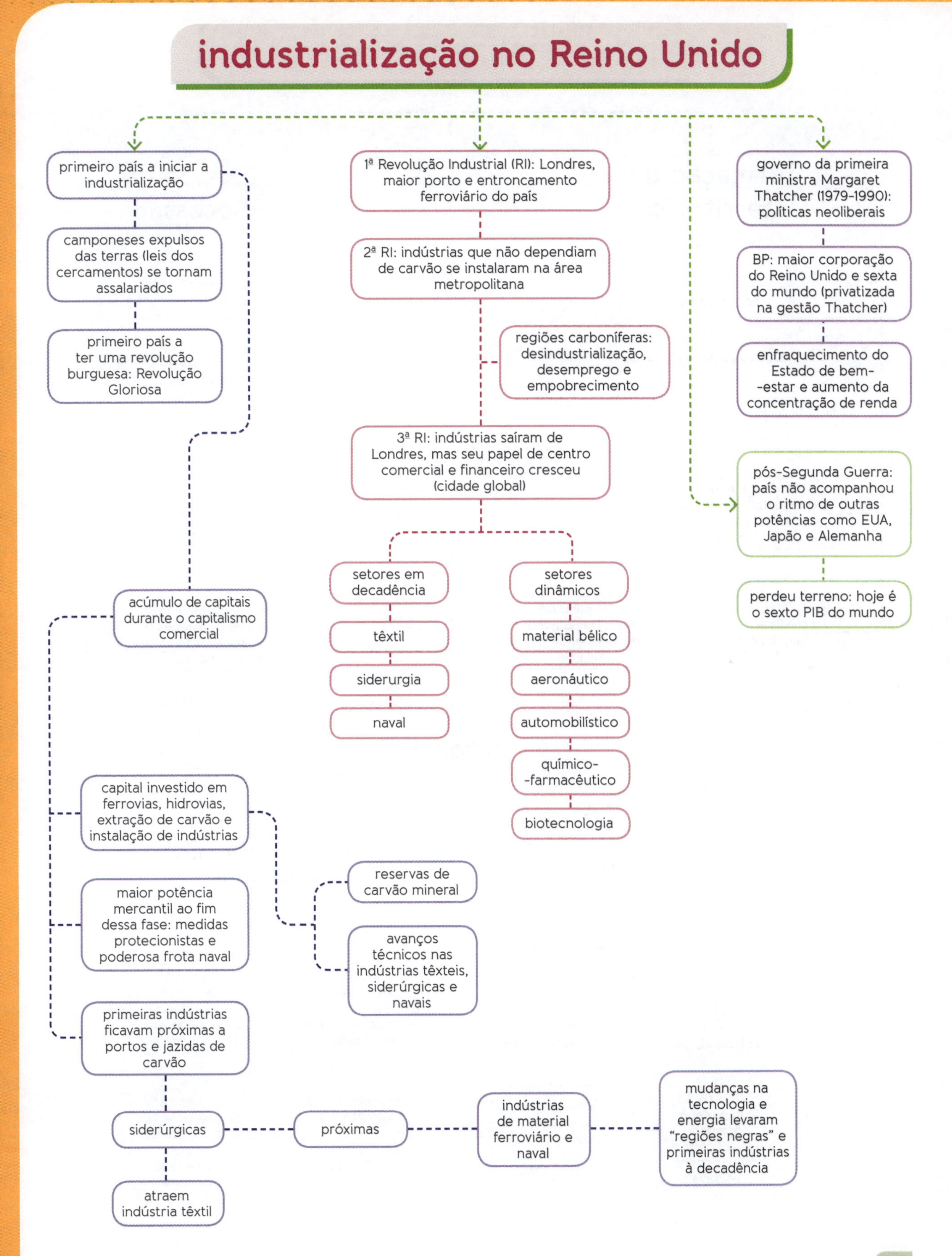
industrialização no Reino Unido
primeiro país a iniciar a industrialização
camponeses expulsos das terras (leis dos cercamentos) se tornam assalariados
primeiro país a ter uma revolução burguesa: Revolução Gloriosa
acúmulo de capitais durante o capitalismo comercial
capital investido em ferrovias, hidrovias, extração de carvão e instalação de indústrias
reservas de carvão mineral
avanços técnicos nas indústrias têxteis, siderúrgicas e navais
maior potência mercantil ao fim dessa fase: medidas protecionistas e poderosa frota naval
primeiras indústrias ficavam próximas a portos e jazidas de carvão
siderúrgicas
atraem indústria têxtil
próximas
indústrias de material ferroviário e naval
mudanças na tecnologia e energia levaram "regiões negras" e primeiras indústrias à decadência
1ª Revolução Industrial (RI): Londres, maior porto e entroncamento ferroviário do país
2ª RI: indústrias que não dependiam de carvão se instalaram na área metropolitana
regiões carboníferas: desindustrialização, desemprego e empobrecimento
3ª RI: indústrias saíram de Londres, mas seu papel de centro comercial e financeiro cresceu (cidade global)
setores em decadência
têxtil
siderurgia
naval
setores dinâmicos
material bélico
aeronáutico
automobilístico
químico-farmacêutico
biotecnologia
governo da primeira ministra Margaret Thatcher (1979-1990): políticas neoliberais
BP: maior corporação do Reino Unido e sexta do mundo (privatizada na gestão Thatcher)
enfraquecimento do Estado de bem-estar e aumento da concentração de renda
pós-Segunda Guerra: país não acompanhou o ritmo de outras potências como EUA, Japão e Alemanha
perdeu terreno: hoje é o sexto PIB do mundo

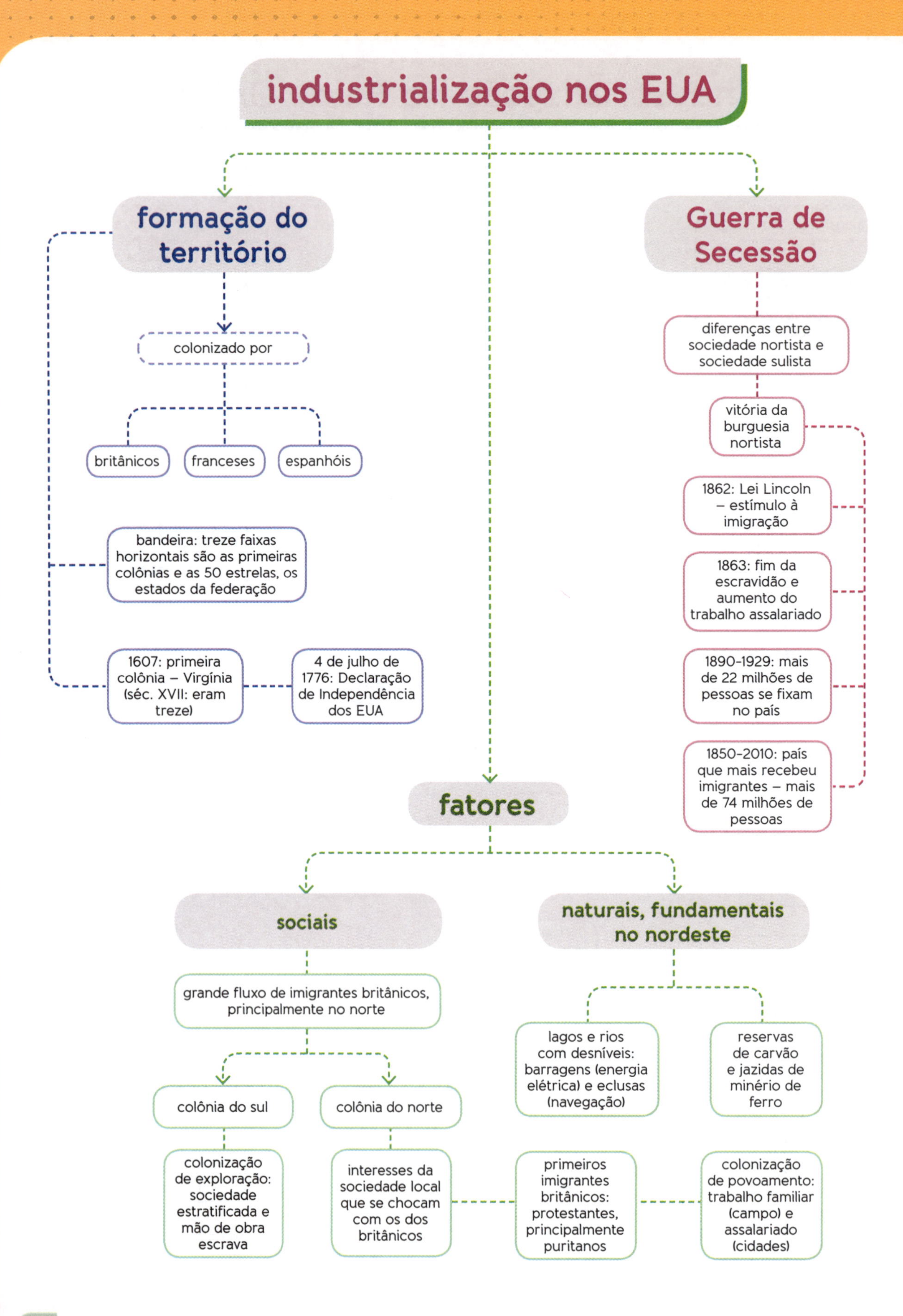
industrialização nos EUA
formação do território
colonizado por
britânicos
franceses
espanhóis
bandeira: treze faixas horizontais são as primeiras colônias e as 50 estrelas, os estados da federação
1607: primeira colônia – Virgínia (séc. XVII: eram treze)
4 de julho de 1776: Declaração de Independência dos EUA
Guerra de Secessão
diferenças entre sociedade nortista e sociedade sulista
vitória da burguesia nortista
1862: Lei Lincoln – estímulo à imigração
1863: fim da escravidão e aumento do trabalho assalariado
1890-1929: mais de 22 milhões de pessoas se fixam no país
1850-2010: país que mais recebeu imigrantes – mais de 74 milhões de pessoas
fatores
sociais
grande fluxo de imigrantes britânicos, principalmente no norte
colônia do sul
colônia do norte
colonização de exploração: sociedade estratificada e mão de obra escrava
interesses da sociedade local que se chocam com os dos britânicos
primeiros imigrantes britânicos: protestantes, principalmente puritanos
colonização de povoamento: trabalho familiar (campo) e assalariado (cidades)
naturais, fundamentais no nordeste
lagos e rios com desníveis: barragens (energia elétrica) e eclusas (navegação)
reservas de carvão e jazidas de minério de ferro

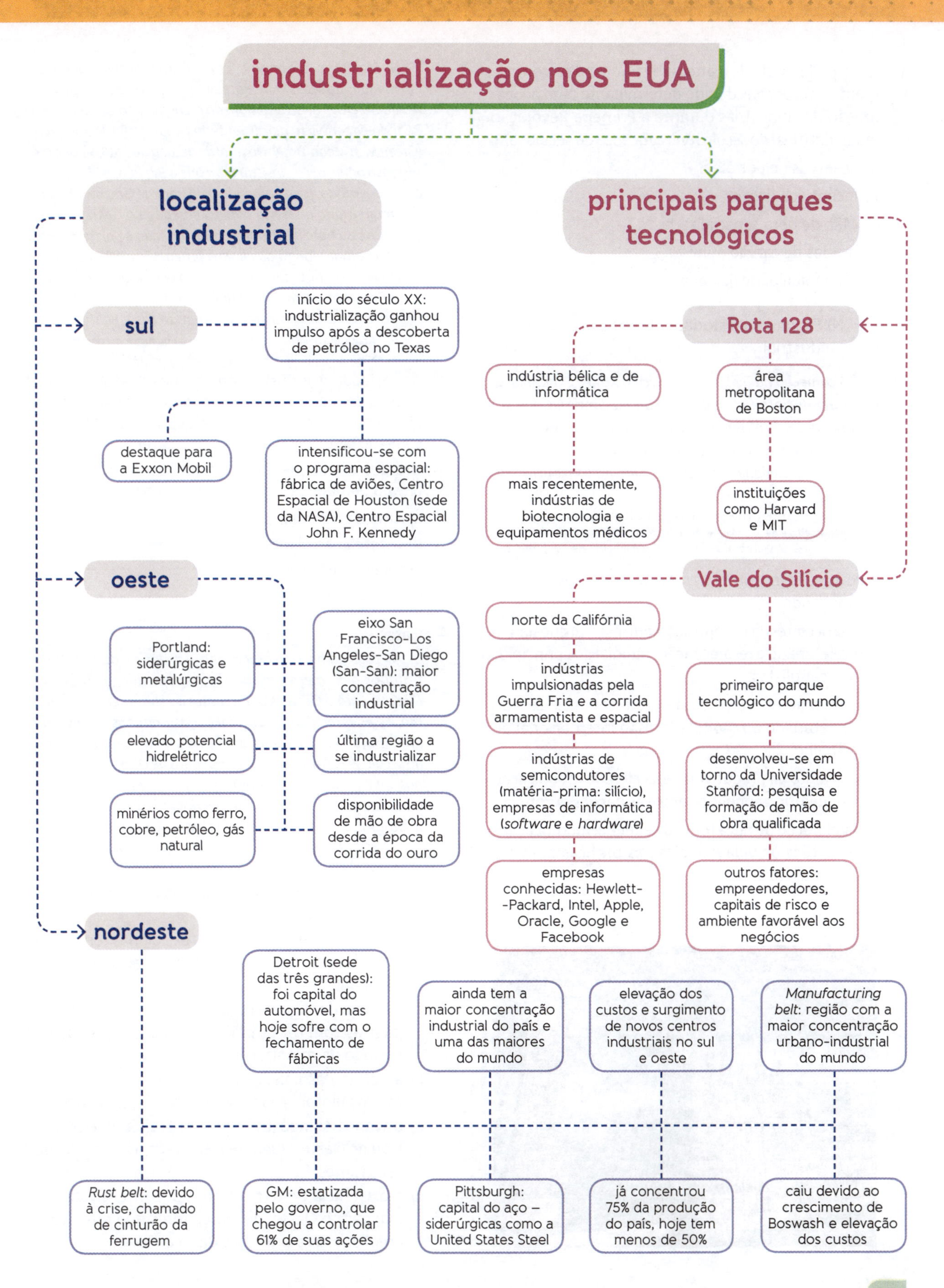

industrialização nos EUA
localização industrial
principais parques tecnológicos
sul
início do século XX: industrialização ganhou impulso após a descoberta de petróleo no Texas
destaque para a Exxon Mobil
intensificou-se com o programa espacial: fábrica de aviões, Centro Espacial de Houston (sede da NASA), Centro Espacial John F. Kennedy
oeste
Portland: siderúrgicas e metalúrgicas
eixo San Francisco-Los Angeles-San Diego (San-San): maior concentração industrial
elevado potencial hidrelétrico
última região a se industrializar
minérios como ferro, cobre, petróleo, gás natural
disponibilidade de mão de obra desde a época da corrida do ouro
nordeste
Detroit (sede das três grandes): foi capital do automóvel, mas hoje sofre com o fechamento de fábricas
ainda tem a maior concentração industrial do país e uma das maiores do mundo
elevação dos custos e surgimento de novos centros industriais no sul e oeste
Manufacturing belt: região com a maior concentração urbano-industrial do mundo
Rust belt: devido à crise, chamado de cinturão da ferrugem
GM: estatizada pelo governo, que chegou a controlar 61% de suas ações
Pittsburgh: capital do aço – siderúrgicas como a United States Steel
já concentrou 75% da produção do país, hoje tem menos de 50%
caiu devido ao crescimento de Boswash e elevação dos custos
Rota 128
indústria bélica e de informática
área metropolitana de Boston
mais recentemente, indústrias de biotecnologia e equipamentos médicos
instituições como Harvard e MIT
Vale do Silício
norte da Califórnia
indústrias impulsionadas pela Guerra Fria e a corrida armamentista e espacial
primeiro parque tecnológico do mundo
indústrias de semicondutores (matéria-prima: silício), empresas de informática (*software* e *hardware*)
desenvolveu-se em torno da Universidade Stanford: pesquisa e formação de mão de obra qualificada
empresas conhecidas: Hewlett--Packard, Intel, Apple, Oracle, Google e Facebook
outros fatores: empreendedores, capitais de risco e ambiente favorável aos negócios

Exercícios

1. (Unesp-SP) Assinale a alternativa que indica corretamente o fator considerado determinante para a localização das indústrias durante a Primeira Revolução Industrial (final do século XVIII a meados do século XIX).
   a) Reservas de petróleo.
   b) Incentivos fiscais.
   c) Mão de obra especializada.
   d) Jazidas de carvão mineral.
   e) Disponibilidade de água.

2. (UFRN) Segundo o historiador David Landes, a Revolução Industrial

   [...] *começou na Inglaterra no século XVIII e expandiu-se de forma distinta nos países da Europa continental e em algumas áreas do ultramar. Em um espaço de menos de duas gerações, transformou a vida do homem ocidental, a natureza de sua sociedade e seu relacionamento com outros povos do mundo.*

   LANDES, David S. *Prometeu desacorrentado*: transformação tecnológica e desenvolvimento industrial na Europa ocidental, desde 1750 até os dias de hoje. Rio de Janeiro: Elsevier, 2005. p. 1.

   A Revolução Industrial significou mudanças radicais, promovendo
   a) avanços técnicos, oposição entre a burguesia e o proletariado e revalorização mundial dos princípios mercantilistas.
   b) alteração no processo de produção, sujeição do proletariado ao capital e divisão internacional do trabalho.
   c) aumento da produtividade, acelerada urbanização e equilíbrio geopolítico entre as nações europeias.
   d) exploração de nova fonte de energia, modificações de estilos de vida e rejeição às práticas políticas imperialistas.

3. (UERJ)

www.twip.org/Reprodução/Prova da UERJ

Na Inglaterra, um horário ferroviário uniforme foi adotado em meados do século XIX. Baseava-se na hora do Tempo Médio de Greenwich, isto é, a hora do meridiano do Observatório Real de Greenwich, geralmente indicada pelas letras GMT (Greenwich Mean Time). No final da década de 1840, Sir George Airy, astrônomo real, insistiu para que o Big Ben, novo relógio a ser construído, fosse regulado pela hora de Greenwich. Airy expandiu muito o serviço público baseado na GMT, fazendo com que essa hora fosse transmitida por todo o país por cabos que corriam ao longo das linhas férreas. Em 1853, escreveu: "Não posso sentir senão satisfação ao pensar que o Observatório Real está assim contribuindo para a pontualidade dos negócios por toda uma grande extensão deste país".

Adaptado de: WHITROW, G. J. *O tempo na história*: concepções do tempo da pré-história aos nossos dias. Rio de Janeiro: Zahar, 1993.

As sociedades industriais modernas desenvolveram formas de medir o tempo associadas ao uso do relógio e à padronização dos horários em escala nacional, como no caso da Inglaterra, no decorrer do século XIX.

Um dos efeitos dessas medidas padronizadoras do tempo se manifestou basicamente na regulação dos:
a) ritmos do trabalho
b) sistemas de plantio
c) níveis de escolaridade
d) fluxos de investimentos

4. (Fatec-SP)

   No caso da história americana, um dos eventos mais retratados pela memória social é, sem dúvida, a chamada Marcha para o Oeste. Mesmo antes do surgimento do cinema, esses temas já faziam parte das imagens da história americana. A fronteira foi um tema constante dos pintores do século XIX. A imagem das caravanas de colonos e peregrinos, da corrida do ouro, dos cowboys, *das estradas de ferro cruzando os desertos, dos ataques dos índios marcam a arte, a fotografia e também a cinematografia americana.*

   CARVALHO, Mariza Soares de. Disponível em: <www.historia.uff.br/primeirosescritos/files/pe02-2.pdf>. Acesso em: 29 ago. 2009.

   Entre os fatores que motivaram e favoreceram a Marcha para o Oeste está
   a) a possibilidade de as famílias de colonos tornarem-se proprietárias, o que também atraiu imigrantes europeus.
   b) o desejo de fugir da região litorânea afundada em guerras com tribos indígenas fixadas ali, desde o período da colonização.
   c) a beleza das paisagens americanas, o que atraiu muitos pintores e fotógrafos para aquela região.
   d) o avanço da indústria cinematográfica, que encontrou no Oeste o lugar perfeito para a realização de seus filmes.
   e) a existência de terras férteis que incentivaram a ida, para o Oeste, de agricultores que buscavam ampliar suas plantações de algodão.

5. (UERJ)

A distribuição espacial da produção técnico-científica entre os países, parcialmente apresentada no mapa, é um dos fatores que explicam as desigualdades socioeconômicas entre as nações. Pela importância do mercado consumidor norte-americano, quase todos os produtos ou tecnologias relevantes desenvolvidos no mundo são registrados nesse país.

Um resultado dessa espacialidade diferenciada é a formação de um grande fluxo financeiro internacional para as empresas dos países desenvolvidos.

Esse fluxo está mais adequadamente associado a:

a) pagamentos de licenças

b) capitais para especulação

c) compensações de impostos

d) investimentos em infraestrutura

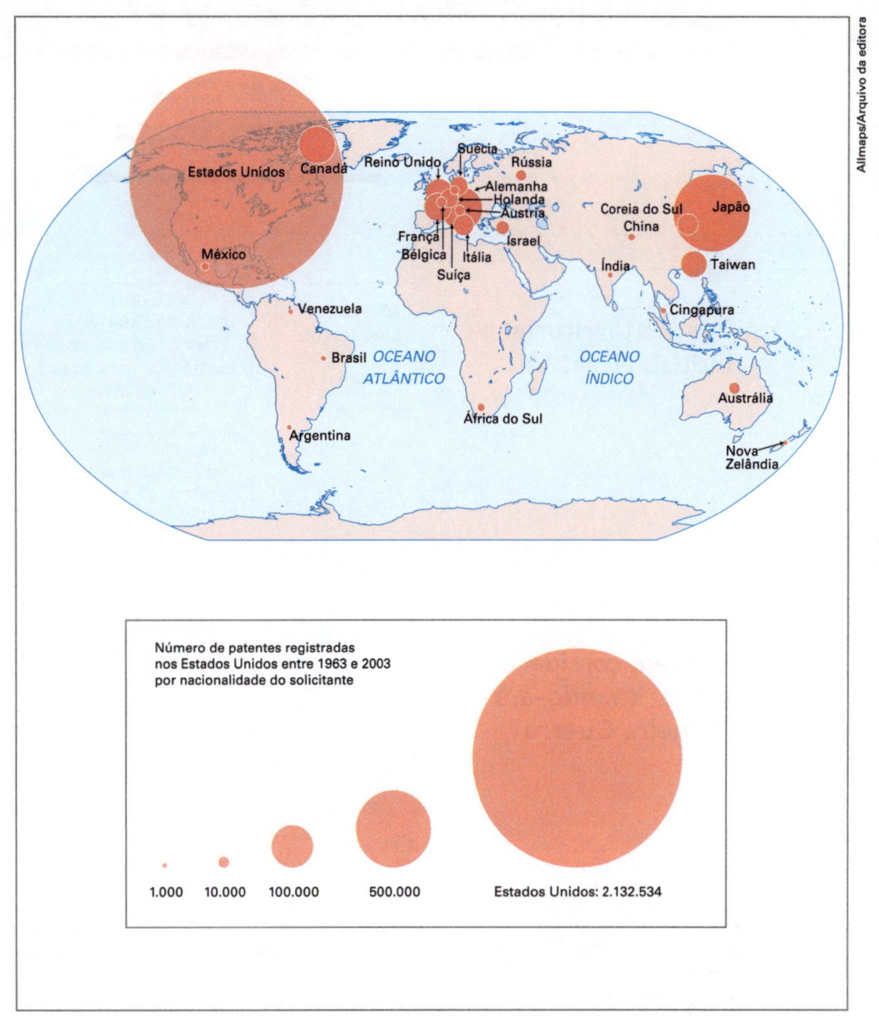

Adaptado de: *El Atlas de Le Monde Diplomatique II*. Buenos Aires: Capital Intelectual, 2006.

6. (FGV-SP) Entre 1861 e 1865, os Estados Unidos foram palco da chamada Guerra de Secessão. A esse respeito é correto afirmar:

a) O conflito teve início com a reação dos fazendeiros sulistas provocada pela abolição da escravidão, implementada pelo presidente republicano Abraham Lincoln.

b) As diferentes estruturas socioeconômicas do Norte e do Sul e sua divergência com relação às tarifas de produtos importados estiveram entre as causas do conflito.

c) A economia sulista estava baseada na produção familiar e voltada para o mercado interno, enquanto no Norte produziam-se artigos destinados ao mercado externo.

d) A disputa entre o Norte e o Sul colocou frente a frente dois projetos políticos antagônicos, no que se refere à questão dos direitos trabalhistas e da livre organização sindical.

e) O conflito serviu para encerrar a política de segregação racial vigente em diversos estados norte-americanos e para consolidar a inclusão social dos povos indígenas no país.

7. (Cefet-RJ) A atividade industrial dos Estados Unidos é de grande importância; responde por cerca de 23% da produção total da indústria mundial. Essa produção industrial teve papel de grande importância nas modificações do espaço norte-americano. Assinale a opção que apresenta uma afirmativa CORRETA sobre a dinâmica industrial dos Estados Unidos.

a) A atividade industrial foi iniciada na costa do Pacífico, em razão do aproveitamento de condições naturais e históricas favoráveis ao seu desenvolvimento.

b) O nordeste dos Estados Unidos vem aumentando de forma expressiva sua participação na produção industrial norte-americana.

c) O crescimento da atividade industrial da costa oeste resultou da instalação de um forte setor siderúrgico, aproveitando os recursos minerais encontrados na região.

d) A descoberta e exploração de imensas reservas de petróleo, sobretudo no Texas e no Golfo do México, favoreceram o crescimento industrial do sul.

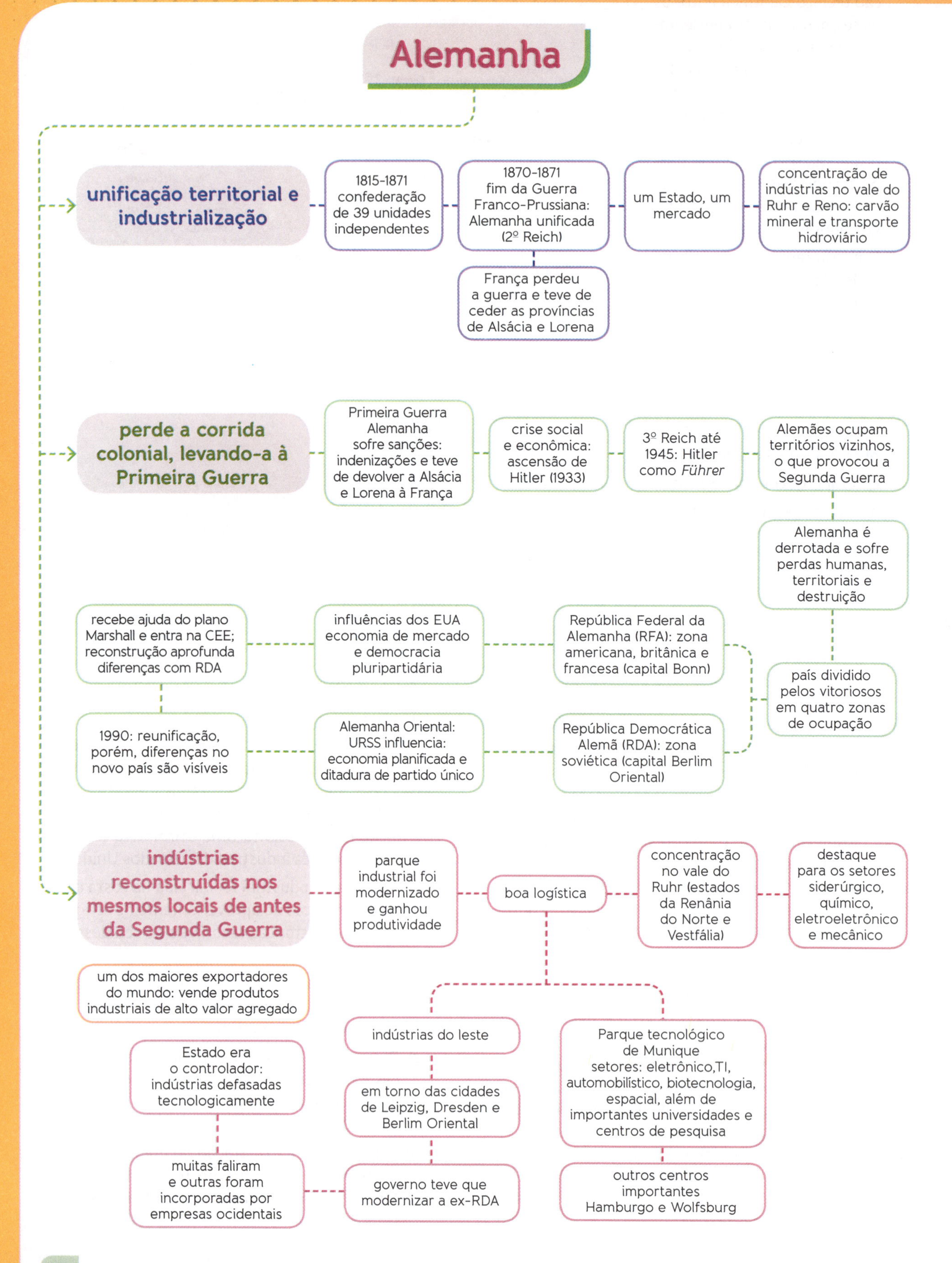
Alemanha
unificação territorial e industrialização
1815-1871 confederação de 39 unidades independentes
1870-1871 fim da Guerra Franco-Prussiana: Alemanha unificada (2º Reich)
França perdeu a guerra e teve de ceder as províncias de Alsácia e Lorena
um Estado, um mercado
concentração de indústrias no vale do Ruhr e Reno: carvão mineral e transporte hidroviário
perde a corrida colonial, levando-a à Primeira Guerra
Primeira Guerra Alemanha sofre sanções: indenizações e teve de devolver a Alsácia e Lorena à França
crise social e econômica: ascensão de Hitler (1933)
3º Reich até 1945: Hitler como Führer
Alemães ocupam territórios vizinhos, o que provocou a Segunda Guerra
Alemanha é derrotada e sofre perdas humanas, territoriais e destruição
país dividido pelos vitoriosos em quatro zonas de ocupação
República Federal da Alemanha (RFA): zona americana, britânica e francesa (capital Bonn)
influências dos EUA economia de mercado e democracia pluripartidária
recebe ajuda do plano Marshall e entra na CEE; reconstrução aprofunda diferenças com RDA
República Democrática Alemã (RDA): zona soviética (capital Berlim Oriental)
Alemanha Oriental: URSS influencia: economia planificada e ditadura de partido único
1990: reunificação, porém, diferenças no novo país são visíveis
indústrias reconstruídas nos mesmos locais de antes da Segunda Guerra
parque industrial foi modernizado e ganhou produtividade
boa logística
concentração no vale do Ruhr (estados da Renânia do Norte e Vestfália)
destaque para os setores siderúrgico, químico, eletroeletrônico e mecânico
um dos maiores exportadores do mundo: vende produtos industriais de alto valor agregado
indústrias do leste
em torno das cidades de Leipzig, Dresden e Berlim Oriental
governo teve que modernizar a ex-RDA
Estado era o controlador: indústrias defasadas tecnologicamente
muitas faliram e outras foram incorporadas por empresas ocidentais
Parque tecnológico de Munique setores: eletrônico,TI, automobilístico, biotecnologia, espacial, além de importantes universidades e centros de pesquisa
outros centros importantes Hamburgo e Wolfsburg

Japão (processo de industrialização)

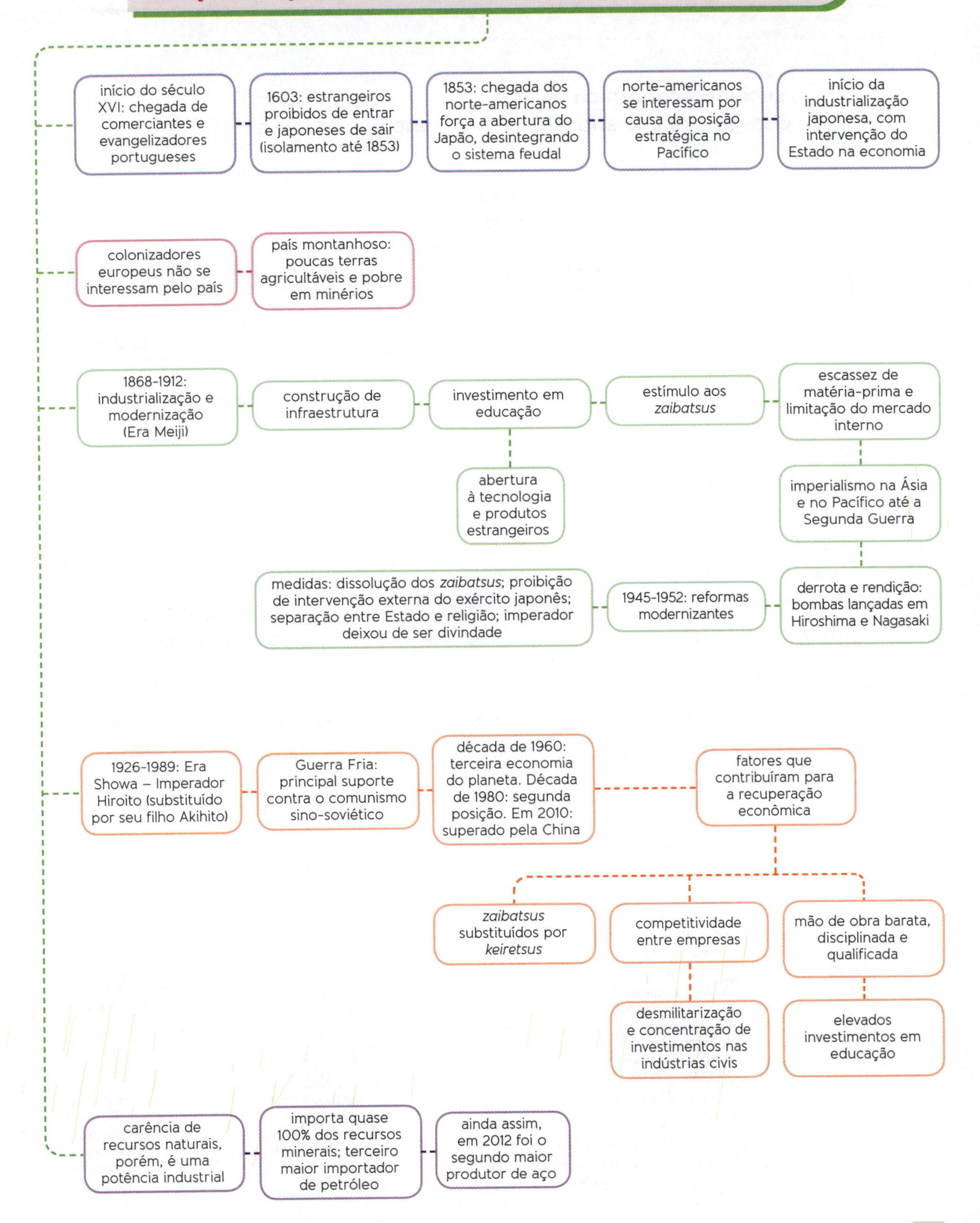

Japão (distribuição das indústrias e crise)

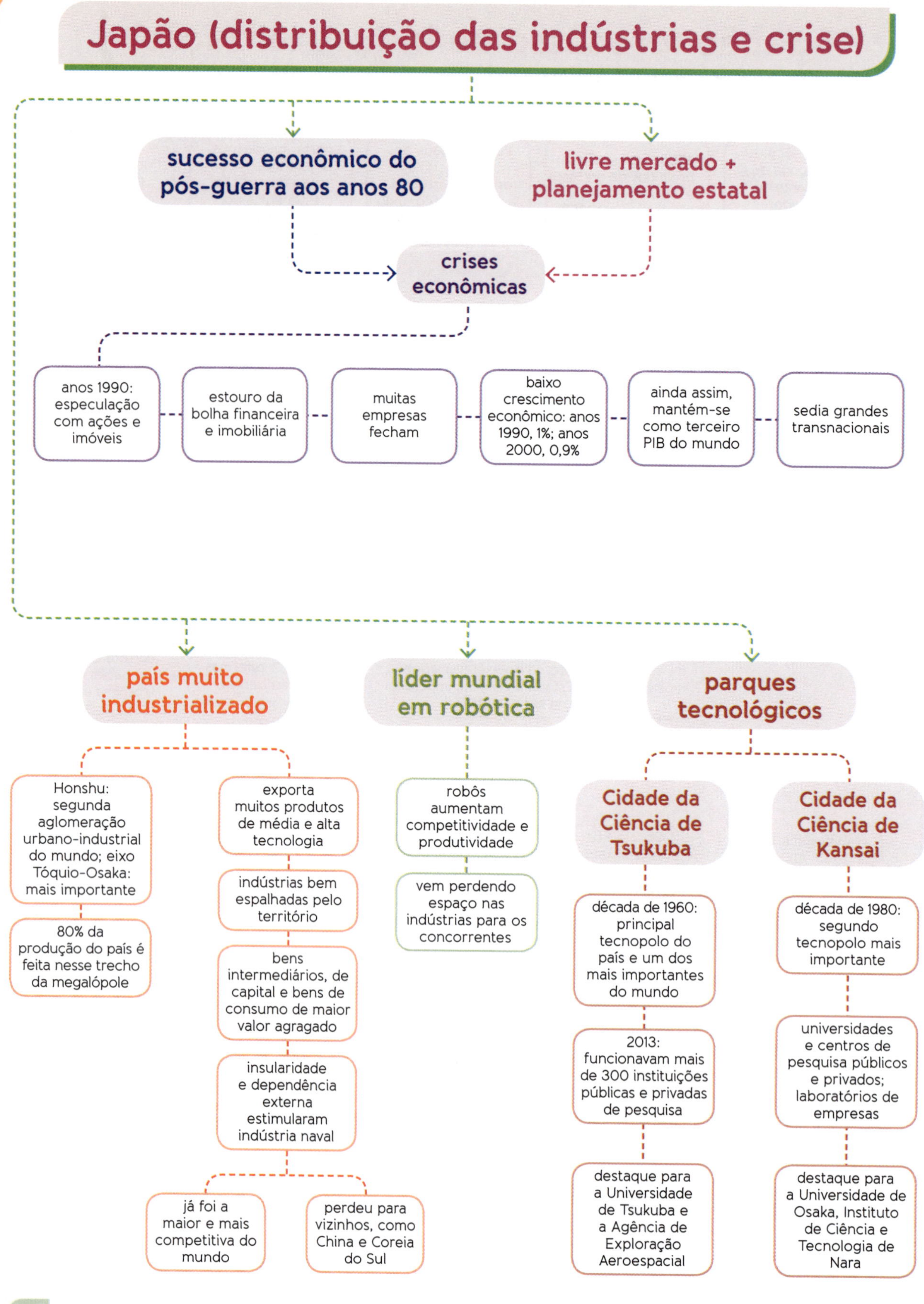

Exercícios

1. (Fuvest-SP)

O que acontece quando a gente se vê duplicado na televisão? (...) Aprendemos não só durante os anos de formação mas também na prática a lidar com nós mesmos com esse "eu" duplo. E, mais tarde, (...) em 1974, ainda detido para averiguação na penitenciária de Colônia-Ossendorf, quando me foi atendida, sem problemas, a solicitação de um aparelho de televisão na cela, apenas durante o período da Copa do Mundo, os acontecimentos na tela me dividiram em vários sentidos. Não quando os poloneses jogaram uma partida fantástica sob uma chuva torrencial, não quando a partida contra a Austrália foi vitoriosa e houve um empate contra o Chile, aconteceu quando a Alemanha jogou contra a Alemanha. Torcer para quem? Ou eu torci para quem? Para que lado vibrar? Qual Alemanha venceu?

Adaptado de: Gunter Grass. *Meu século*. Rio de Janeiro: Record, 2000. p. 237.

O trecho acima, extraído de uma obra literária, alude a um acontecimento diretamente relacionado

a) à política nazista de fomento aos esportes considerados "arianos" na Alemanha.

b) ao aumento da criminalidade na Alemanha, com o fim da Segunda Guerra Mundial.

c) à Guerra Fria e à divisão política da Alemanha em duas partes, a "ocidental" e a "oriental".

d) ao recente aumento da população de imigrantes na Alemanha e reforço de sentimentos xenófobos.

e) ao caráter despolitizado dos esportes em um contexto de capitalismo globalizado.

2. (UnB-DF) Considerando apenas fatores geográficos, o Japão não deveria ser uma das mais poderosas nações do mundo. Em menos de um século – depois que Matthew Perry aportou na baía de Tóquio pela segunda vez, em 1854 –, o Japão transformou-se de um Estado isolado e praticamente medieval, feudal, em uma superpotência econômica moderna e inovativa. De fato, o Japão é pequeno. Faltam-lhe recursos naturais importantes. A maior parte do país é montanhosa. As florestas, que são consideradas sagradas, cobrem quase dois terços do país, o que representa mais do que em qualquer outra nação industrializada. Apenas 15% do seu território podem ser aproveitados para a agricultura. Situado no anel de fogo do Pacífico, o Japão está sujeito a violentos terremotos, erupções vulcânicas e "tsunamis", ondas devastadoras gigantescas, causadas por maremotos.
Com o auxílio do texto, julgue os itens seguintes, indicando Verdadeiro ou Falso.

(1) No Pacífico, o Japão centraliza uma vasta área de influência, constituindo-se em um polo econômico.

(2) O comércio exterior é um dos pilares da economia japonesa.

(3) Registram-se na História relações igualitárias e pacíficas, de intercâmbio dos japoneses com outros povos asiáticos, o que facilitou a sua industrialização mesmo sem contar com grandes fontes de recursos naturais.

(4) O "anel de fogo do Pacífico", referido no texto, diz respeito a uma faixa de instabilidade por ser o limite entre placas tectônicas.

3. (Udesc) Sobre a localização das indústrias, pode-se afirmar que:

I. nos Estados Unidos, assim como na China, as áreas mais industrializadas estão localizadas na porção Leste;

II. no Brasil, as áreas mais industrializadas se localizam na vertente Atlântica;

III. na Itália, a região mais industrializada fica no Norte do país, contrastando com o Sul, que é mais agrícola;

IV. na França, Inglaterra e Alemanha existem indústrias distribuídas por todo o território nacional, mas se encontram mais indústrias nas confluências dos rios Ruhr e Reno na Alemanha, no Norte da França e no Sul da Inglaterra;

V. são fatores de localização industrial: a proximidade com fontes de matéria-prima, com o mercado consumidor e com fontes de energia; a mão de obra abundante e a existência de rede de transportes.

Assinale a alternativa **correta**.

a) Somente as afirmativas II e IV são verdadeiras.

b) Somente as afirmativas I, II e V são verdadeiras.

c) Somente as afirmativas I e III são verdadeiras.

d) Somente as afirmativas IV e V são verdadeiras.

e) Todas as afirmativas são verdadeiras.

Questão

4. (Ufscar-SP) No final do século XX surge outra tendência de localização das empresas. A nova forma de organização empresarial tem agregado os centros de formação de pessoal de alto nível às unidades de produção e de serviços, utilizando os mais modernos recursos da microeletrônica: são as cidades científicas ou polos tecnológicos ou tecnopolos.

a) Mencione as principais características de um tecnopolo.

b) Cite um exemplo de tecnopolo no Brasil e um no mundo.

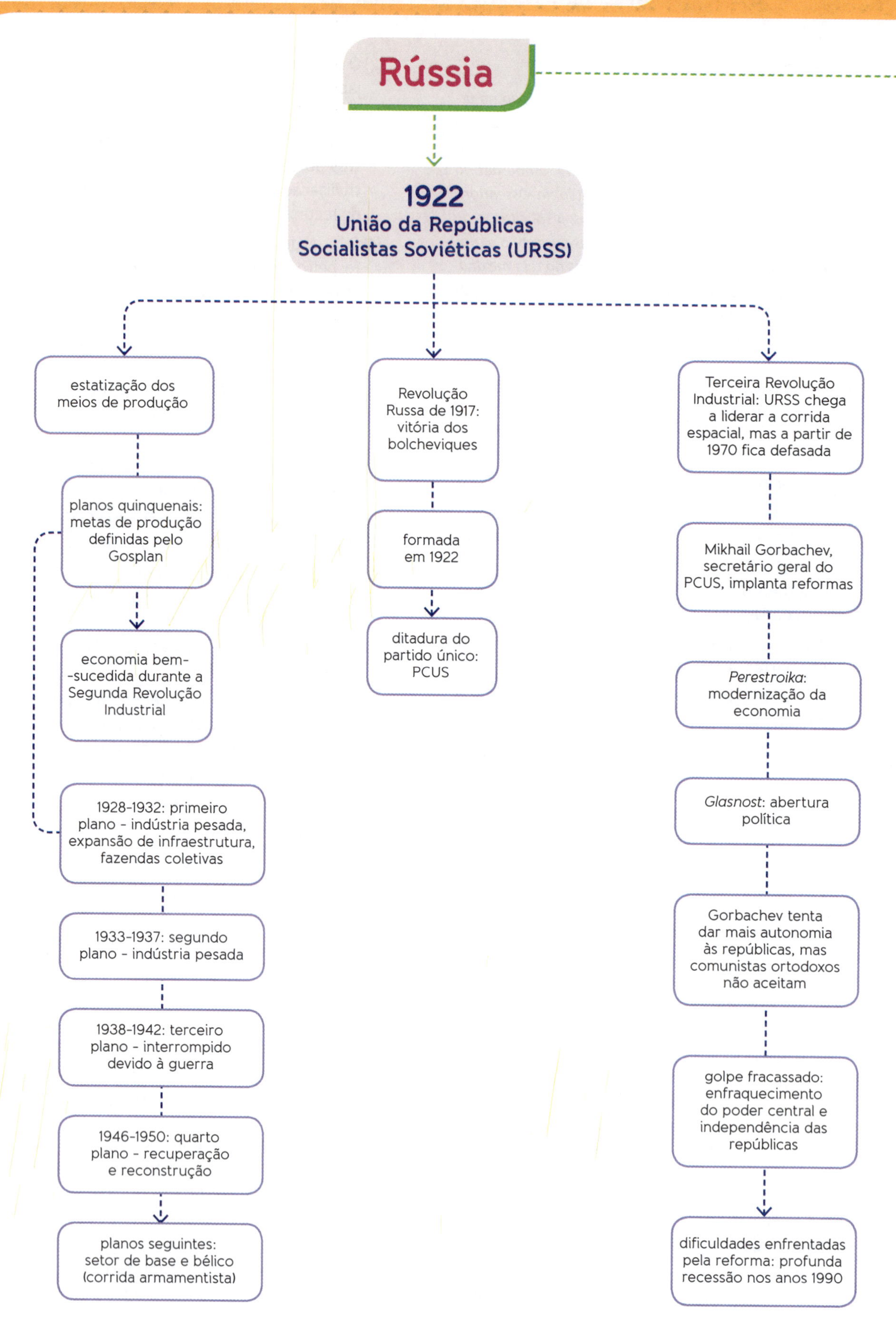
Rússia
1922
União da Repúblicas
Socialistas Soviéticas (URSS)
estatização dos meios de produção
planos quinquenais: metas de produção definidas pelo Gosplan
economia bem-sucedida durante a Segunda Revolução Industrial
1928-1932: primeiro plano - indústria pesada, expansão de infraestrutura, fazendas coletivas
1933-1937: segundo plano - indústria pesada
1938-1942: terceiro plano - interrompido devido à guerra
1946-1950: quarto plano - recuperação e reconstrução
planos seguintes: setor de base e bélico (corrida armamentista)
Revolução Russa de 1917: vitória dos bolcheviques
formada em 1922
ditadura do partido único: PCUS
Terceira Revolução Industrial: URSS chega a liderar a corrida espacial, mas a partir de 1970 fica defasada
Mikhail Gorbachev, secretário geral do PCUS, implanta reformas
Perestroika: modernização da economia
Glasnost: abertura política
Gorbachev tenta dar mais autonomia às repúblicas, mas comunistas ortodoxos não aceitam
golpe fracassado: enfraquecimento do poder central e independência das repúblicas
dificuldades enfrentadas pela reforma: profunda recessão nos anos 1990

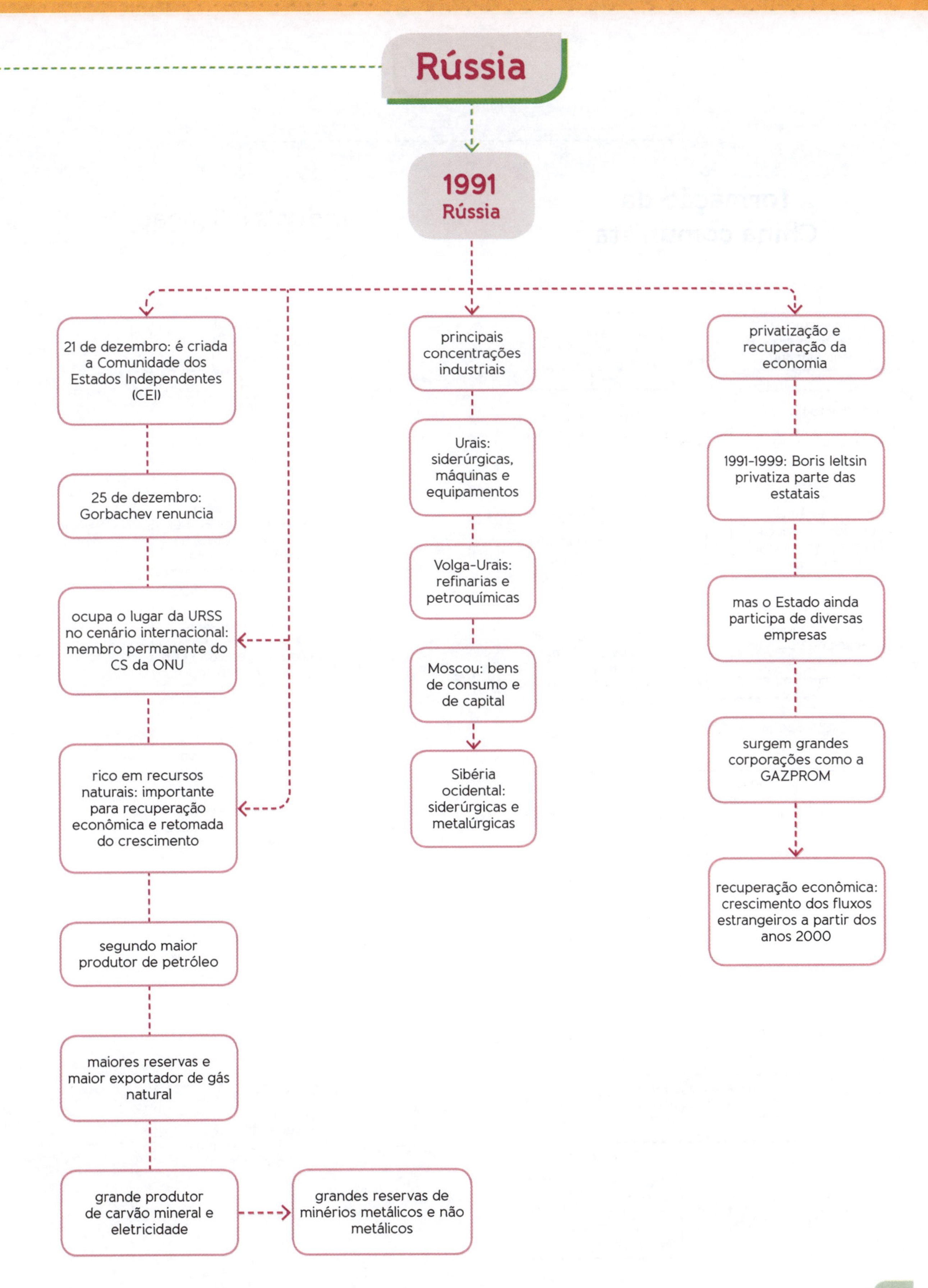
Rússia
1991
Rússia
21 de dezembro: é criada a Comunidade dos Estados Independentes (CEI)
25 de dezembro: Gorbachev renuncia
ocupa o lugar da URSS no cenário internacional: membro permanente do CS da ONU
rico em recursos naturais: importante para recuperação econômica e retomada do crescimento
segundo maior produtor de petróleo
maiores reservas e maior exportador de gás natural
grande produtor de carvão mineral e eletricidade
grandes reservas de minérios metálicos e não metálicos
principais concentrações industriais
Urais: siderúrgicas, máquinas e equipamentos
Volga-Urais: refinarias e petroquímicas
Moscou: bens de consumo e de capital
Sibéria ocidental: siderúrgicas e metalúrgicas
privatização e recuperação da economia
1991-1999: Boris Ieltsin privatiza parte das estatais
mas o Estado ainda participa de diversas empresas
surgem grandes corporações como a GAZPROM
recuperação econômica: crescimento dos fluxos estrangeiros a partir dos anos 2000

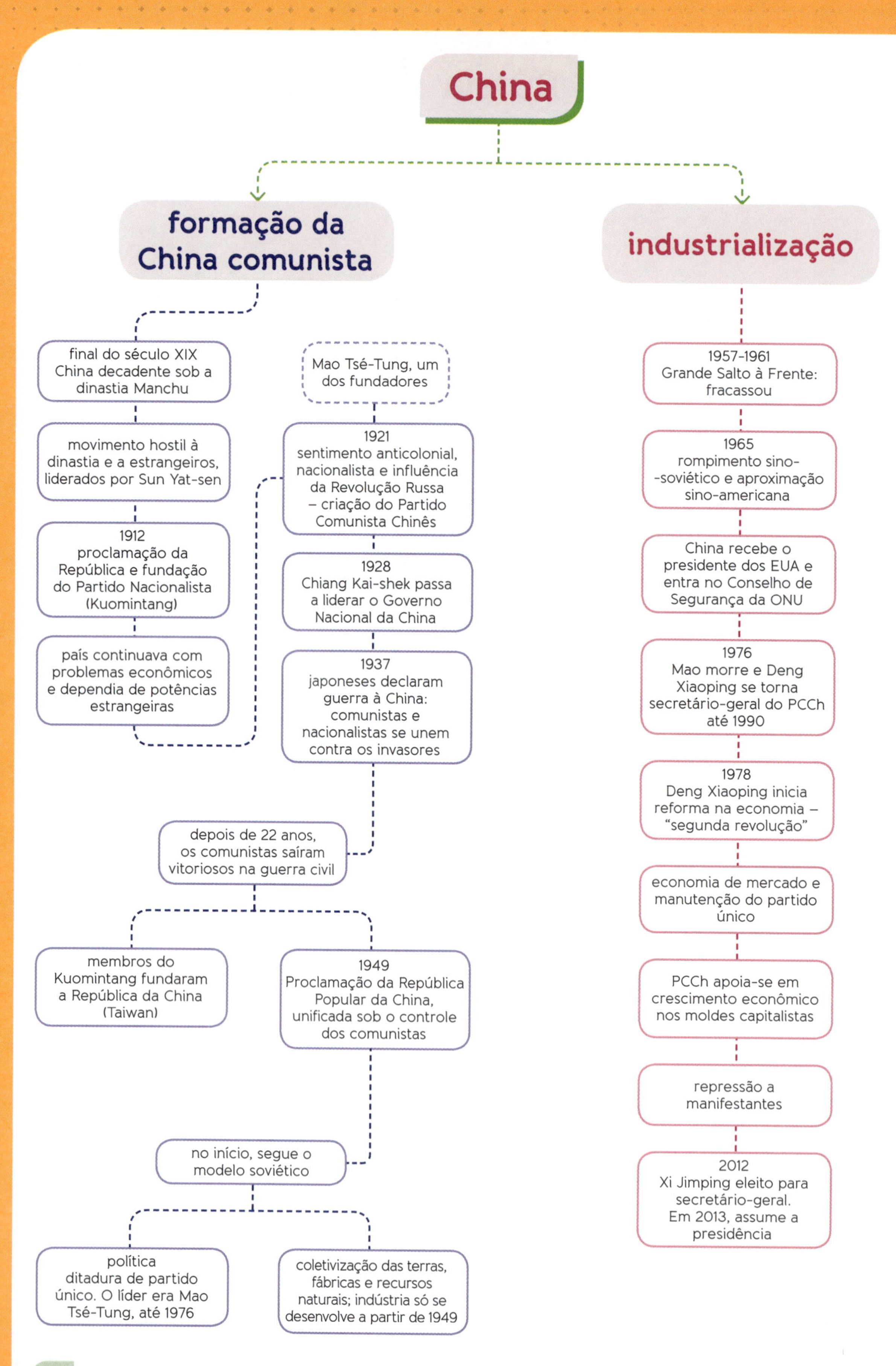
China
formação da China comunista
final do século XIX China decadente sob a dinastia Manchu
movimento hostil à dinastia e a estrangeiros, liderados por Sun Yat-sen
1912 proclamação da República e fundação do Partido Nacionalista (Kuomintang)
país continuava com problemas econômicos e dependia de potências estrangeiras
Mao Tsé-Tung, um dos fundadores
1921 sentimento anticolonial, nacionalista e influência da Revolução Russa – criação do Partido Comunista Chinês
1928 Chiang Kai-shek passa a liderar o Governo Nacional da China
1937 japoneses declaram guerra à China: comunistas e nacionalistas se unem contra os invasores
depois de 22 anos, os comunistas saíram vitoriosos na guerra civil
membros do Kuomintang fundaram a República da China (Taiwan)
1949 Proclamação da República Popular da China, unificada sob o controle dos comunistas
no início, segue o modelo soviético
política ditadura de partido único. O líder era Mao Tsé-Tung, até 1976
coletivização das terras, fábricas e recursos naturais; indústria só se desenvolve a partir de 1949
industrialização
1957-1961 Grande Salto à Frente: fracassou
1965 rompimento sino--soviético e aproximação sino-americana
China recebe o presidente dos EUA e entra no Conselho de Segurança da ONU
1976 Mao morre e Deng Xiaoping se torna secretário-geral do PCCh até 1990
1978 Deng Xiaoping inicia reforma na economia – "segunda revolução"
economia de mercado e manutenção do partido único
PCCh apoia-se em crescimento econômico nos moldes capitalistas
repressão a manifestantes
2012 Xi Jimping eleito para secretário-geral. Em 2013, assume a presidência

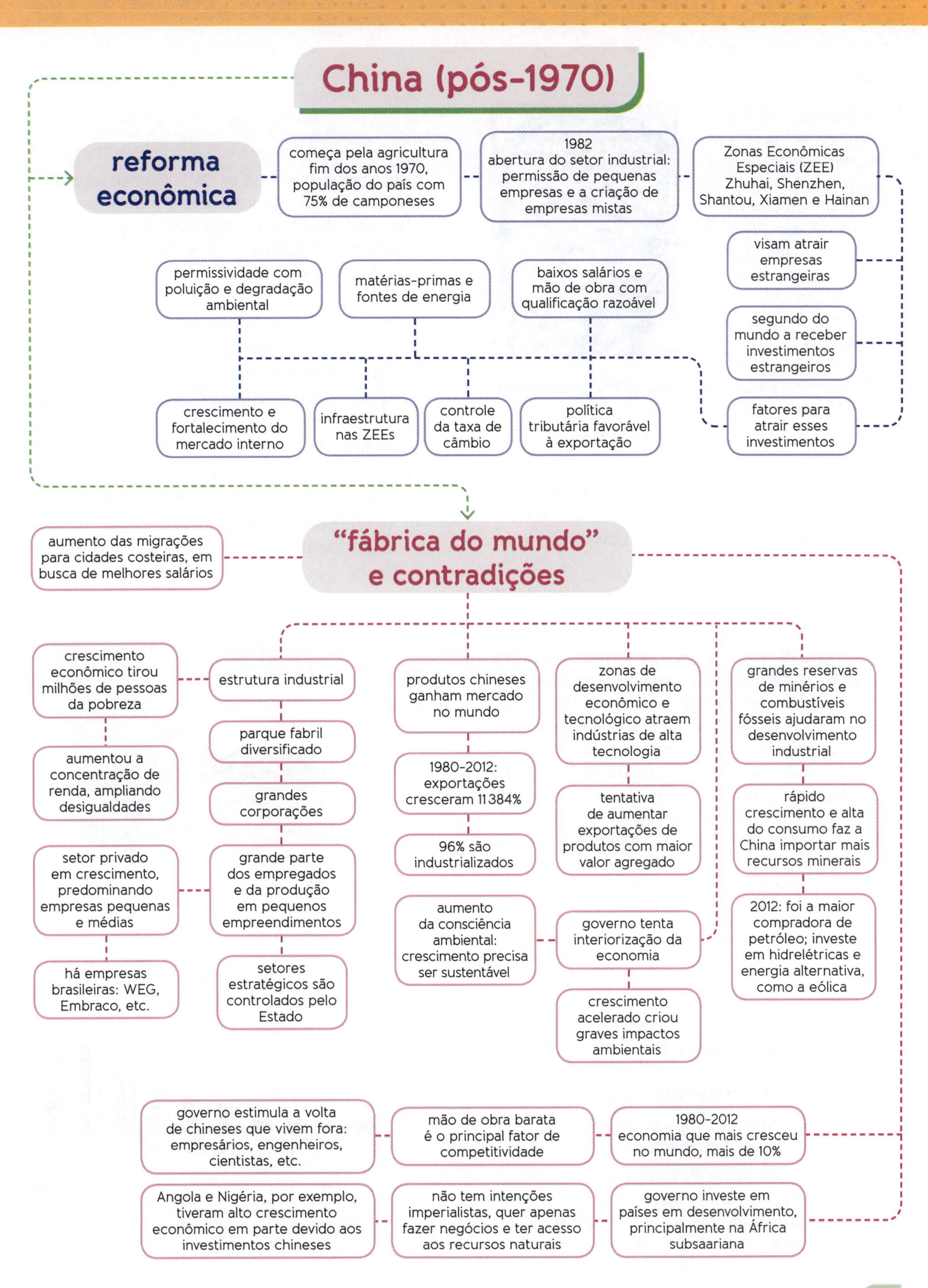
China (pós-1970)
reforma econômica
começa pela agricultura fim dos anos 1970, população do país com 75% de camponeses
1982 abertura do setor industrial: permissão de pequenas empresas e a criação de empresas mistas
Zonas Econômicas Especiais (ZEE) Zhuhai, Shenzhen, Shantou, Xiamen e Hainan
visam atrair empresas estrangeiras
segundo do mundo a receber investimentos estrangeiros
fatores para atrair esses investimentos
permissividade com poluição e degradação ambiental
matérias-primas e fontes de energia
baixos salários e mão de obra com qualificação razoável
crescimento e fortalecimento do mercado interno
infraestrutura nas ZEEs
controle da taxa de câmbio
política tributária favorável à exportação
"fábrica do mundo" e contradições
aumento das migrações para cidades costeiras, em busca de melhores salários
crescimento econômico tirou milhões de pessoas da pobreza
aumentou a concentração de renda, ampliando desigualdades
setor privado em crescimento, predominando empresas pequenas e médias
há empresas brasileiras: WEG, Embraco, etc.
estrutura industrial
parque fabril diversificado
grandes corporações
grande parte dos empregados e da produção em pequenos empreendimentos
setores estratégicos são controlados pelo Estado
produtos chineses ganham mercado no mundo
1980-2012: exportações cresceram 11 384%
96% são industrializados
aumento da consciência ambiental: crescimento precisa ser sustentável
zonas de desenvolvimento econômico e tecnológico atraem indústrias de alta tecnologia
tentativa de aumentar exportações de produtos com maior valor agregado
governo tenta interiorização da economia
crescimento acelerado criou graves impactos ambientais
grandes reservas de minérios e combustíveis fósseis ajudaram no desenvolvimento industrial
rápido crescimento e alta do consumo faz a China importar mais recursos minerais
2012: foi a maior compradora de petróleo; investe em hidrelétricas e energia alternativa, como a eólica
governo estimula a volta de chineses que vivem fora: empresários, engenheiros, cientistas, etc.
mão de obra barata é o principal fator de competitividade
1980-2012 economia que mais cresceu no mundo, mais de 10%
Angola e Nigéria, por exemplo, tiveram alto crescimento econômico em parte devido aos investimentos chineses
não tem intenções imperialistas, quer apenas fazer negócios e ter acesso aos recursos naturais
governo investe em países em desenvolvimento, principalmente na África subsaariana

Exercícios

Testes

1. (Cefet-MG) Em janeiro de 1990, a capa da revista norte-americana estampava a imagem de Mikhail Gorbachev, atribuindo-lhe o título de homem da década. Sob sua liderança, foram tomadas medidas para reconstruir a URSS, **exceto** a(o)

Reprodução/*Time*

a) empenho para maior transparência nas políticas públicas.

b) decréscimo do investimento financeiro na indústria bélica.

c) incremento da presença estatal nas atividades econômicas.

d) aumento das relações diplomáticas com os países capitalistas.

e) incentivo à produção de bens de consumo com maior qualidade.

2. (UTFPR) Após 1945, a Europa, que foi palco das operações militares durante a Segunda Guerra Mundial, viveu um período de estagnação, em função da desaceleração de atividades econômicas, especialmente a agricultura, e dos problemas com a rede ferroviária destruída. A recuperação pós-guerra esbarrou na diminuição da população economicamente ativa em função do enorme número de mortes durante os combates. Logo, na esfera da política internacional formaram-se dois blocos hegemônicos que rivalizaram entre si e envolveram boa parte do mundo até o final dos anos 1980. Os blocos eram formados por:

a) Alemanha e Japão.

b) Alemanha e Inglaterra.

c) Inglaterra e Estados Unidos.

d) Estados Unidos e União Soviética.

e) União Soviética e Alemanha.

3. (UFSJ-MG) Leia o texto abaixo.

China dobra participação na economia mundial em cinco anos

O PIB (Produto Interno Bruto, soma das riquezas produzidas por um país) da China alcançou ao fim de 2010 a marca de 9,5% do total mundial, com o que duplicou a participação que havia registrado cinco anos antes, [...] A China também tomou do Japão o posto de segunda maior economia do mundo em 2010.

Disponível em: <http://noticias.r7.com/economia/noticias/china-dobra-participacao-na-economia-mundial-em-cinco-anos-20110325.html>. Acesso em: 29 jul. 2014.

Vários países-membros da OMC (Organização Mundial do Comércio) criticam uma prática presente na economia chinesa que contribuiu para o seu crescimento, mas que, segundo esses países, é prejudicial à economia mundial.

Assinale a alternativa que apresenta a crítica feita por membros da OMC às práticas comerciais da China.

a) Fim do protecionismo chinês em relação aos produtos oriundos de outros mercados.

b) Barateamento dos produtos chineses no mercado mundial por meio da desvalorização artificial da moeda chinesa em relação ao dólar.

c) Elevação das importações chinesas e sobrevalorização do preço dos produtos no mercado mundial.

d) Aumento dos investimentos externos na China em função das altas taxas de juros pagas pelo governo chinês.

4. (Fuvest-SP) Observe os gráficos.

Distribuição do investimento externo direto (IED) da China na África (2000-2009)

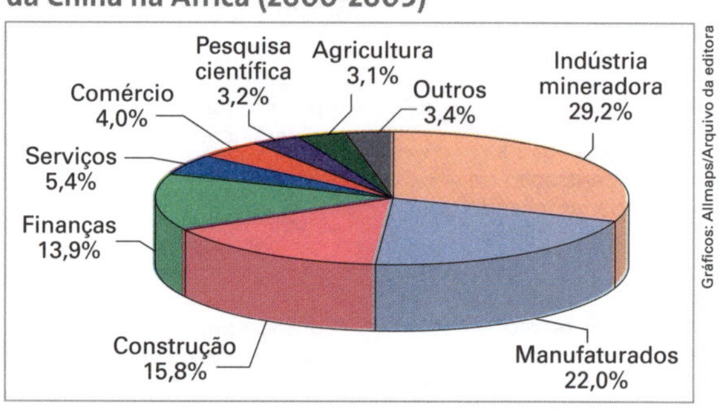

Gráficos: Allmaps/Arquivo da editora

Comércio China-África

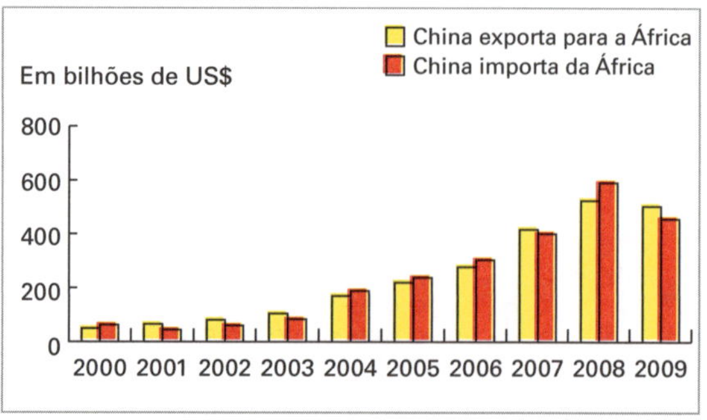

Disponível em: <www.mofcom.gov.cn>. Acesso em: 29 jul. 2014.

Com base nos gráficos e em seus conhecimentos, assinale a alternativa correta.

a) O comércio bilateral entre China e África cresceu timidamente no período e envolveu, principalmente, bens de capital africanos e bens de consumo chineses.
b) As exportações chinesas para a África restringem-se a bens de consumo e produtos primários destinados a atender ao pequeno e estagnado mercado consumidor africano.
c) A implantação de grandes obras de engenharia, com destaque para rodovias transcontinentais, ferrovias e hidrovias, associa-se ao investimento chinês no setor da construção civil na África.
d) O agronegócio foi o principal investimento da China na África em função do exponencial crescimento da população chinesa e de sua grande demanda por alimentos.
e) O investimento chinês no setor minerador, na África, associa-se ao crescimento industrial da China e sua consequente demanda por petróleo e outros minérios.

5. (UERJ)

Número de empresas entre as 500 maiores do mundo

Posição/país	1993	2008
1º EUA	159	140
2º Japão	135	68
3º França	26	40
4º Alemanha	32	39
5º China	0	37
6º Reino Unido	41	26

Distribuição de renda na China (percentual sobre o total de renda nacional)

Ano	20% mais pobres	60% intermediários	20% mais ricos	10% mais ricos
1992	6,2	49,9	43,9	26,8
2005	5,7	46,5	47,8	31,4

Adaptado de: SENE, Eustáquio e MOREIRA, João C. *Geografia geral e do Brasil*. São Paulo: Scipione, 2010.

Há trinta anos, a República Popular da China iniciou uma política de reformas da economia planificada implantada por Mao Tsé-tung. A partir da análise dos dados das tabelas, duas transformações socioeconômicas resultantes dessa política reformista são:
a) liderança tecnológica e redução dos lucros empresariais.
b) estatização da produção e ampliação de leis previdenciárias.
c) diversificação industrial e restrição dos direitos trabalhistas.
d) concentração de capital e aumento das desigualdades sociais.

Questão

Textos para a próxima questão

I.

Antes que o país se abrisse, no fim dos anos 70 [século XX], o sistema de ciência e tecnologia da China empregava um modelo soviético: instituições especializadas conduziam a pesquisa e as universidades, com foco mais restrito, se encarregavam da educação e do treinamento. Esse modelo fracassou porque a pesquisa era separada do ensino, o trabalho interdisciplinar era impossível, os recursos eram escassos e os rígidos controles políticos e a ideologia dominavam. A revolução cultural de 1966 a 1976 fechou todo o ensino superior por uma década e destruiu muito do que havia sido construído anteriormente. Nos anos 90, a China expandiu e reestruturou o ensino superior de forma a atender suas ambições econômicas.

ALTBACH; WANG. 2012. p. 44-45.

II.

Quem acha que o Brasil de hoje é um país pobre – e é mesmo – pode ter uma certeza com teor de verdade 100%: o Brasil de quarenta anos atrás era várias vezes pior. Por pior que fosse, porém, era melhor que a China no quesito pobreza.

SILÊNCIO..., 2013. p. 148.

6. (Uneb-BA) As mudanças ocorridas na China se inserem em um contexto mais amplo de transformações ocorridas nas relações geopolíticas internacionais, a partir da segunda metade do século XX, a exemplo
a) do processo de descolonização afro-asiática, apoiado militarmente pelos Estados Unidos, que resultou o rompimento estadunidense com a Europa e a formação do bloco dos não alinhados, liderados pela França e pela Inglaterra.
b) da política de neutralidade chinesa, no processo da Segunda Guerra Mundial, visto que esse conflito ficou confinado à disputa entre os regimes capitalistas ocidentais e o modelo autoritário socialista soviético.
c) da deflagração da Revolução Cultural Chinesa, que democratizou o Partido Comunista chinês, abrindo caminho para a abertura econômica e a atração do capital estrangeiro, proporcionando o rápido crescimento econômico.
d) da Coexistência Pacífica, implantada pela Guerra Fria, que provocou o rompimento da China com a União Soviética e no apoio da China aos guerrilheiros talibãs contrários à invasão militar soviética no Afeganistão.
e) da crise do socialismo real, na União Soviética, para a qual contribuíram a Perestroika — reestruturação econômica — e a Glasnost — transparência política.

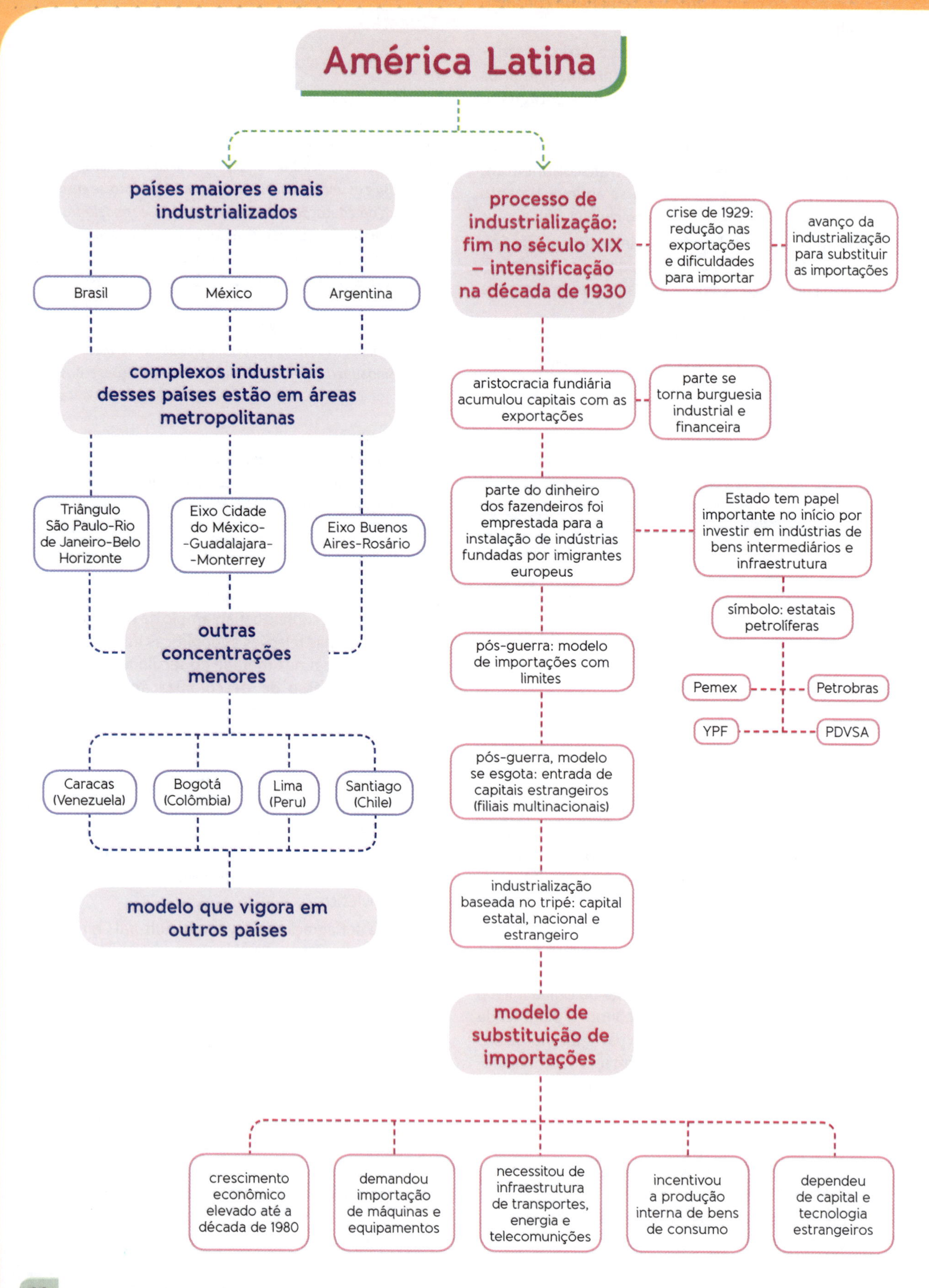
América Latina
países maiores e mais industrializados
Brasil
México
Argentina
complexos industriais desses países estão em áreas metropolitanas
Triângulo São Paulo-Rio de Janeiro-Belo Horizonte
Eixo Cidade do México--Guadalajara--Monterrey
Eixo Buenos Aires-Rosário
outras concentrações menores
Caracas (Venezuela)
Bogotá (Colômbia)
Lima (Peru)
Santiago (Chile)
modelo que vigora em outros países
processo de industrialização: fim no século XIX – intensificação na década de 1930
crise de 1929: redução nas exportações e dificuldades para importar
avanço da industrialização para substituir as importações
aristocracia fundiária acumulou capitais com as exportações
parte se torna burguesia industrial e financeira
parte do dinheiro dos fazendeiros foi emprestada para a instalação de indústrias fundadas por imigrantes europeus
Estado tem papel importante no início por investir em indústrias de bens intermediários e infraestrutura
símbolo: estatais petrolíferas
Pemex
Petrobras
YPF
PDVSA
pós-guerra: modelo de importações com limites
pós-guerra, modelo se esgota: entrada de capitais estrangeiros (filiais multinacionais)
industrialização baseada no tripé: capital estatal, nacional e estrangeiro
modelo de substituição de importações
crescimento econômico elevado até a década de 1980
demandou importação de máquinas e equipamentos
necessitou de infraestrutura de transportes, energia e telecomunições
incentivou a produção interna de bens de consumo
dependeu de capital e tecnologia estrangeiros

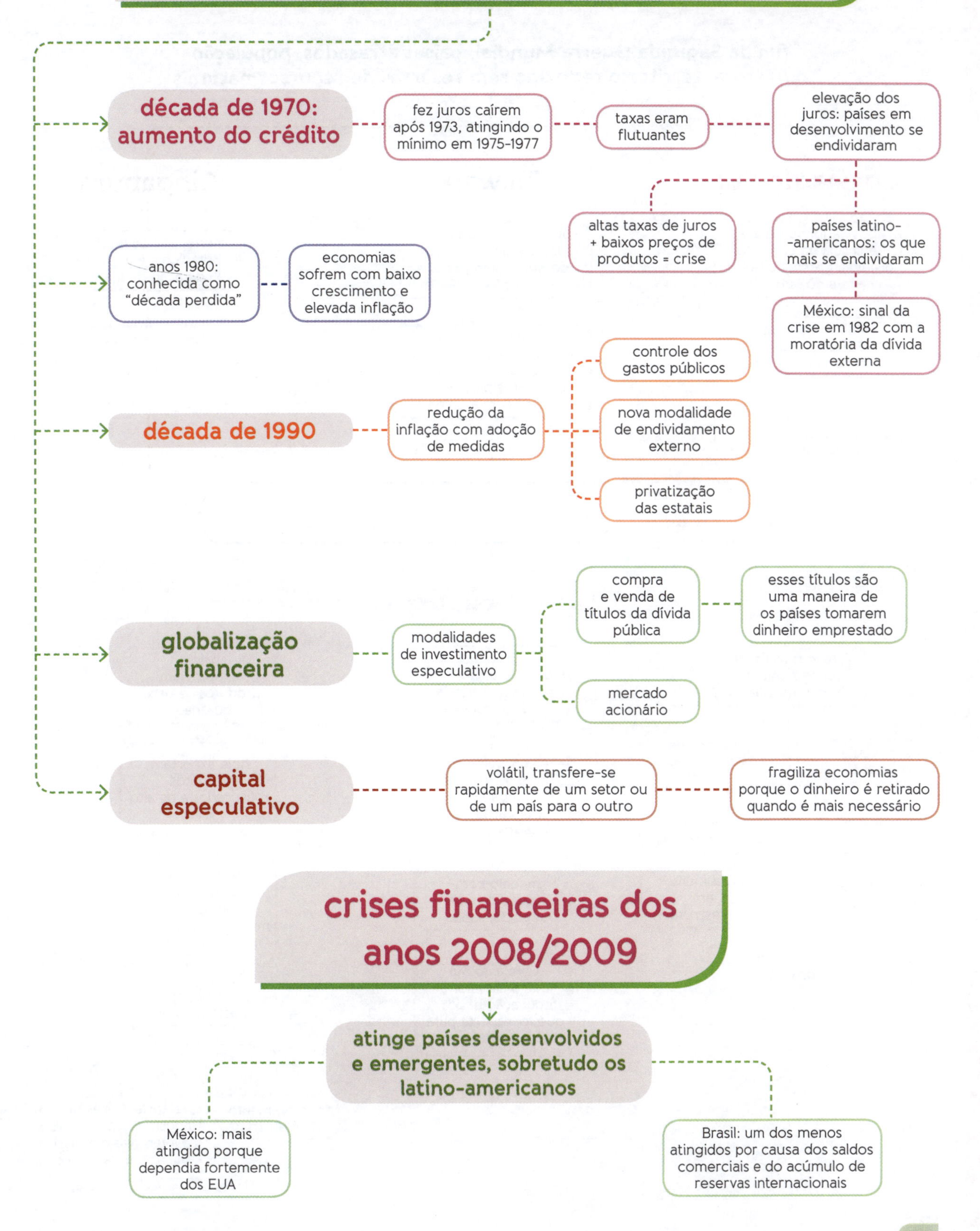
crises financeiras dos anos 1980/1990
década de 1970: aumento do crédito
fez juros caírem após 1973, atingindo o mínimo em 1975-1977
taxas eram flutuantes
elevação dos juros: países em desenvolvimento se endividaram
altas taxas de juros + baixos preços de produtos = crise
países latino--americanos: os que mais se endividaram
México: sinal da crise em 1982 com a moratória da dívida externa
anos 1980: conhecida como "década perdida"
economias sofrem com baixo crescimento e elevada inflação
década de 1990
redução da inflação com adoção de medidas
controle dos gastos públicos
nova modalidade de endividamento externo
privatização das estatais
globalização financeira
modalidades de investimento especulativo
compra e venda de títulos da dívida pública
esses títulos são uma maneira de os países tomarem dinheiro emprestado
mercado acionário
capital especulativo
volátil, transfere-se rapidamente de um setor ou de um país para o outro
fragiliza economias porque o dinheiro é retirado quando é mais necessário
crises financeiras dos anos 2008/2009
atinge países desenvolvidos e emergentes, sobretudo os latino-americanos
México: mais atingido porque dependia fortemente dos EUA
Brasil: um dos menos atingidos por causa dos saldos comerciais e do acúmulo de reservas internacionais

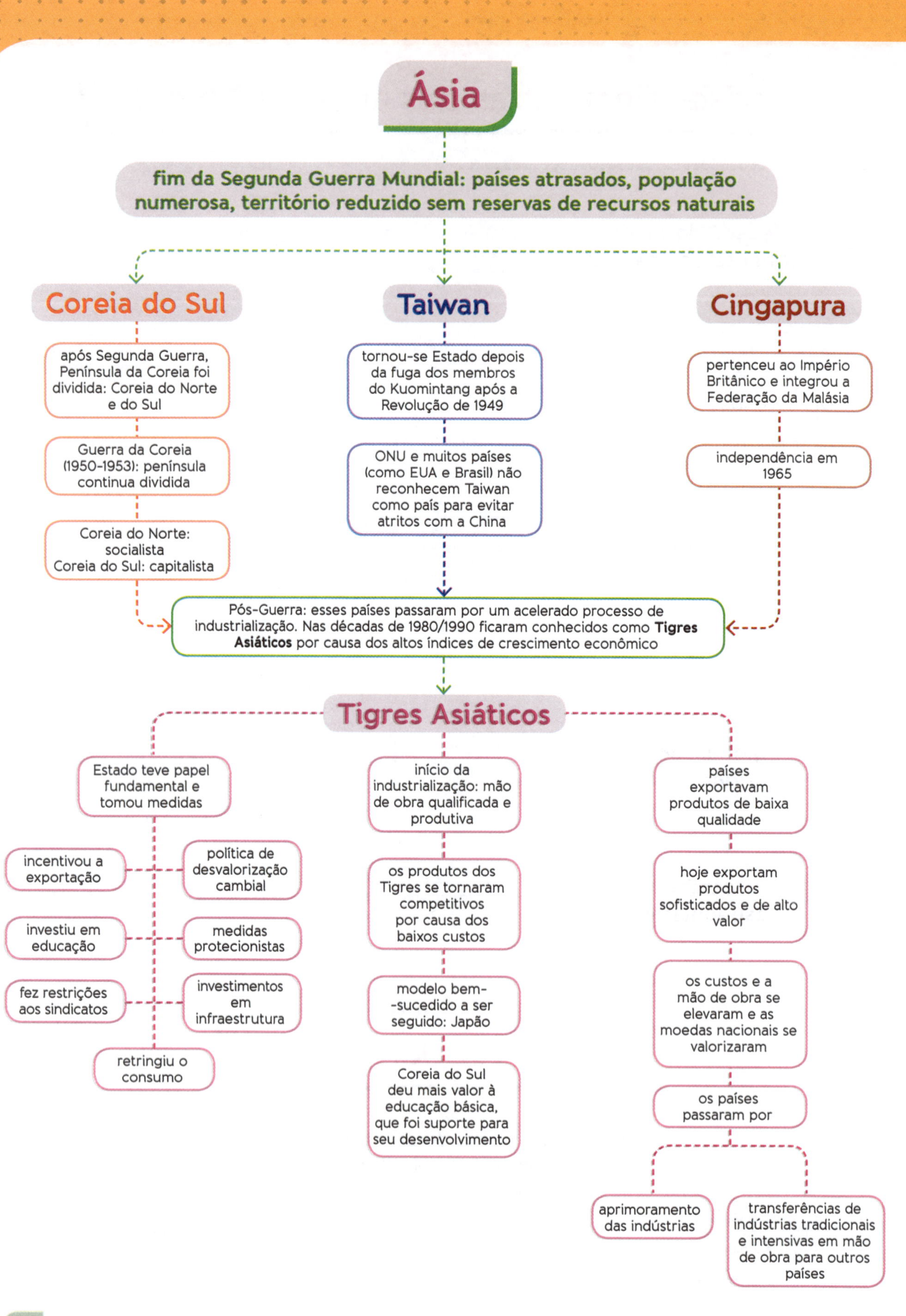

Ásia
fim da Segunda Guerra Mundial: países atrasados, população numerosa, território reduzido sem reservas de recursos naturais
Coreia do Sul
Taiwan
Cingapura
após Segunda Guerra, Península da Coreia foi dividida: Coreia do Norte e do Sul
Guerra da Coreia (1950-1953): península continua dividida
Coreia do Norte: socialista
Coreia do Sul: capitalista
tornou-se Estado depois da fuga dos membros do Kuomintang após a Revolução de 1949
ONU e muitos países (como EUA e Brasil) não reconhecem Taiwan como país para evitar atritos com a China
pertenceu ao Império Britânico e integrou a Federação da Malásia
independência em 1965
Pós-Guerra: esses países passaram por um acelerado processo de industrialização. Nas décadas de 1980/1990 ficaram conhecidos como **Tigres Asiáticos** por causa dos altos índices de crescimento econômico
Tigres Asiáticos
Estado teve papel fundamental e tomou medidas
incentivou a exportação
política de desvalorização cambial
investiu em educação
medidas protecionistas
fez restrições aos sindicatos
investimentos em infraestrutura
retringiu o consumo
início da industrialização: mão de obra qualificada e produtiva
os produtos dos Tigres se tornaram competitivos por causa dos baixos custos
modelo bem-sucedido a ser seguido: Japão
Coreia do Sul deu mais valor à educação básica, que foi suporte para seu desenvolvimento
países exportavam produtos de baixa qualidade
hoje exportam produtos sofisticados e de alto valor
os custos e a mão de obra se elevaram e as moedas nacionais se valorizaram
os países passaram por
aprimoramento das indústrias
transferências de indústrias tradicionais e intensivas em mão de obra para outros países

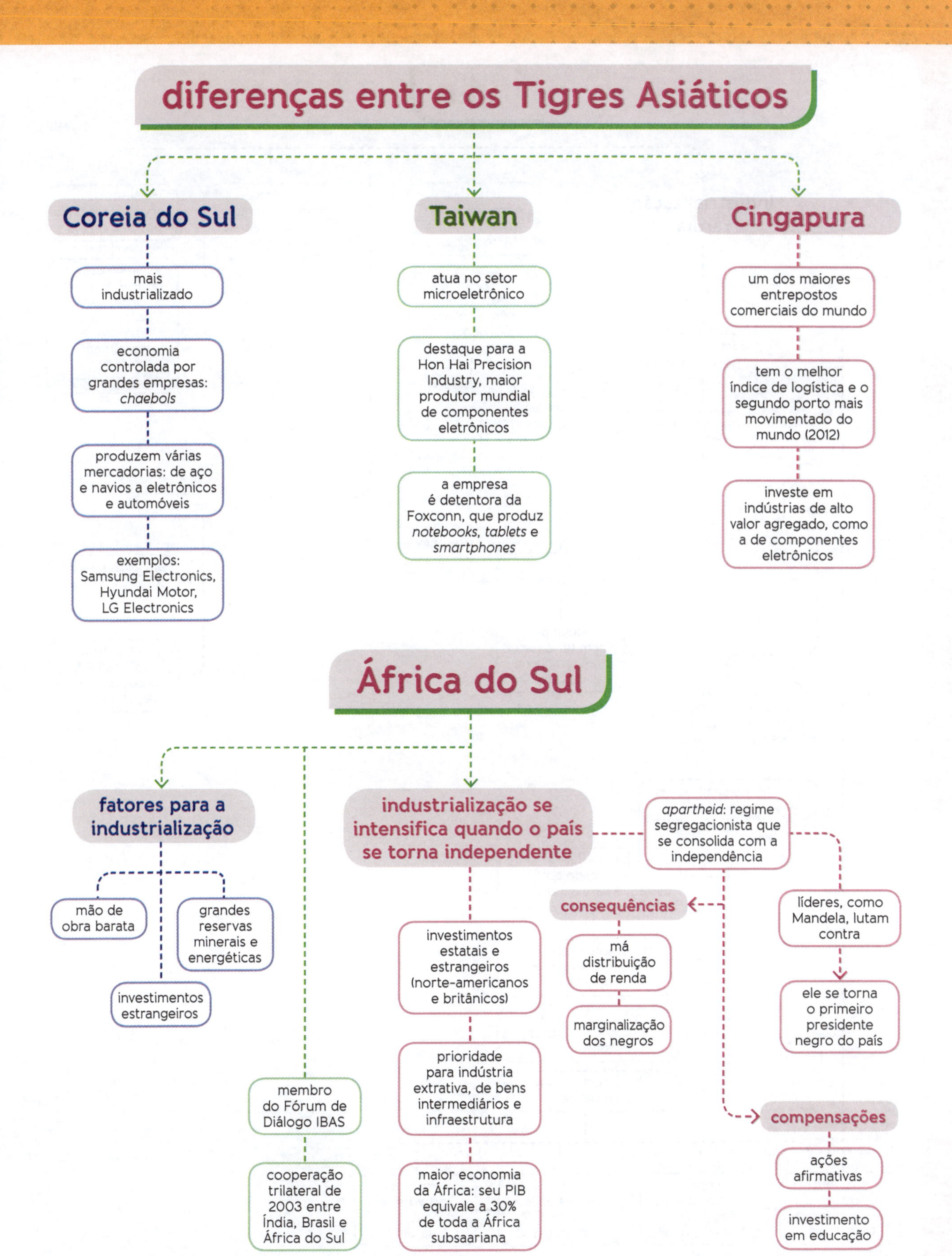
diferenças entre os Tigres Asiáticos
Coreia do Sul
mais industrializado
economia controlada por grandes empresas: *chaebols*
produzem várias mercadorias: de aço e navios a eletrônicos e automóveis
exemplos: Samsung Electronics, Hyundai Motor, LG Electronics
Taiwan
atua no setor microeletrônico
destaque para a Hon Hai Precision Industry, maior produtor mundial de componentes eletrônicos
a empresa é detentora da Foxconn, que produz *notebooks*, *tablets* e *smartphones*
Cingapura
um dos maiores entrepostos comerciais do mundo
tem o melhor índice de logística e o segundo porto mais movimentado do mundo (2012)
investe em indústrias de alto valor agregado, como a de componentes eletrônicos
África do Sul
fatores para a industrialização
mão de obra barata
grandes reservas minerais e energéticas
investimentos estrangeiros
membro do Fórum de Diálogo IBAS
cooperação trilateral de 2003 entre Índia, Brasil e África do Sul
industrialização se intensifica quando o país se torna independente
investimentos estatais e estrangeiros (norte-americanos e britânicos)
prioridade para indústria extrativa, de bens intermediários e infraestrutura
maior economia da África: seu PIB equivale a 30% de toda a África subsaariana
apartheid: regime segregacionista que se consolida com a independência
consequências
má distribuição de renda
marginalização dos negros
líderes, como Mandela, lutam contra
ele se torna o primeiro presidente negro do país
compensações
ações afirmativas
investimento em educação

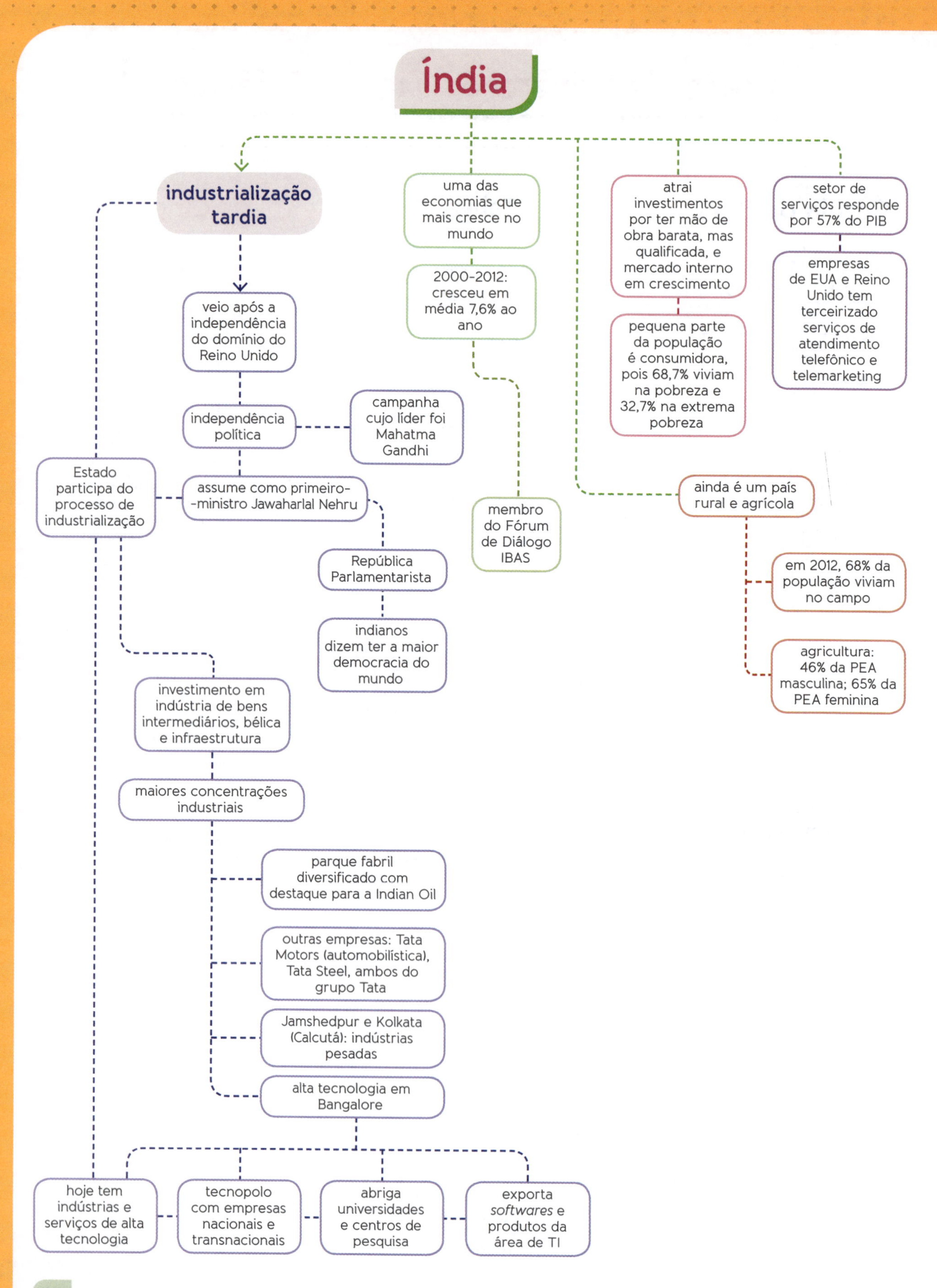
Índia
industrialização tardia
veio após a independência do domínio do Reino Unido
independência política
campanha cujo líder foi Mahatma Gandhi
assume como primeiro--ministro Jawaharlal Nehru
República Parlamentarista
indianos dizem ter a maior democracia do mundo
Estado participa do processo de industrialização
investimento em indústria de bens intermediários, bélica e infraestrutura
maiores concentrações industriais
parque fabril diversificado com destaque para a Indian Oil
outras empresas: Tata Motors (automobilística), Tata Steel, ambos do grupo Tata
Jamshedpur e Kolkata (Calcutá): indústrias pesadas
alta tecnologia em Bangalore
hoje tem indústrias e serviços de alta tecnologia
tecnopolo com empresas nacionais e transnacionais
abriga universidades e centros de pesquisa
exporta softwares e produtos da área de TI
uma das economias que mais cresce no mundo
2000-2012: cresceu em média 7,6% ao ano
membro do Fórum de Diálogo IBAS
atrai investimentos por ter mão de obra barata, mas qualificada, e mercado interno em crescimento
pequena parte da população é consumidora, pois 68,7% viviam na pobreza e 32,7% na extrema pobreza
ainda é um país rural e agrícola
em 2012, 68% da população viviam no campo
agricultura: 46% da PEA masculina; 65% da PEA feminina
setor de serviços responde por 57% do PIB
empresas de EUA e Reino Unido tem terceirizado serviços de atendimento telefônico e telemarketing

Exercícios

Testes

1. (UFF-RJ)

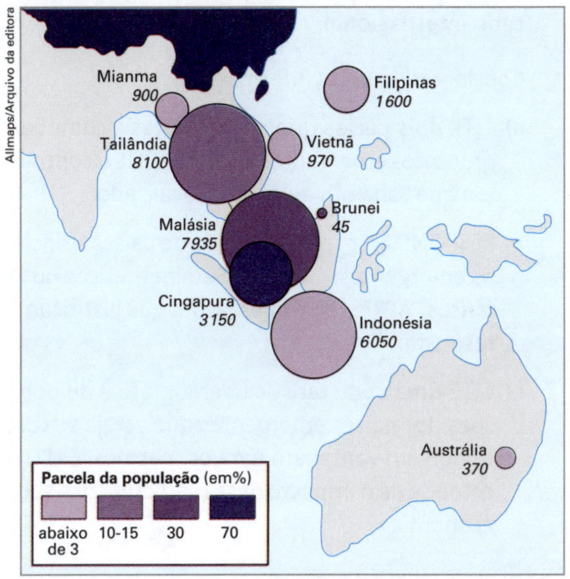

DURAND, M-F. et al. *Atlas da mundialização.* São Paulo: Saraiva, 2009, p. 53.

Como no exemplo do Sudeste Asiático, a relevância demográfica e o êxito econômico das redes da diáspora chinesa no exterior explicam-se pela

a) integração de guetos chineses nas cidades de acolhimento.

b) adoção de normas legais próprias do governo socialista chinês.

c) fusão de empresas transnacionais dos países de guarida.

d) formação de comunidades empresariais e étnicas solidárias.

e) emissão de capitais da China para os migrantes da diáspora.

2. (UFSC) Assinale a(s) proposição(ões) correta(s) sobre as características dos países em fase de industrialização acelerada.

(01) Uma forte arrancada industrial é seguida sobretudo por uma intensa urbanização, privilegiando a lógica da acumulação capitalista e criando desigualdades urbanas locais.

(02) Uma característica comum é a mão de obra qualificada, fruto de investimentos em educação e alta automação, exigindo, portanto, menos treinamento para os trabalhadores urbano-industriais.

(04) Nesses países a agricultura não se subordina à indústria, pois esta tem seus próprios meios de conseguir matérias-primas vitais para a produção.

(08) Parcela significativa desses países tem necessidade de atrair investimentos estrangeiros devido ao seu alto grau de dependência para alavancar seus processos de desenvolvimento econômico e social.

(16) Esses países estruturam-se sobre a produção agrícola que utiliza modernas técnicas de produção em todos os setores.

(32) Esses países, como o Brasil, expandem-se nos mesmos moldes dos países capitalistas industriais mais avançados, dominando econômica e politicamente os países mais atrasados, como China, Canadá e África do Sul.

(64) Em seus territórios nacionais há grande concentração de empresas transnacionais, inclusive bancos estrangeiros atuantes.

3. (UFPE) Mohandas Karamchand Gandhi, ou simplesmente Gandhi, pertencente à casta de comerciantes hindus, teve um papel preponderante no processo de independência da Índia, que se encontrava, desde o século XIX, sob o domínio da Inglaterra. Acerca desse processo de descolonização da Índia, analise as proposições abaixo.

( ) O movimento de emancipação política indiana foi marcado por intensa participação popular em manifestações pacíficas.

( ) O Partido do Congresso, chefiado por Jawaharlal Nehru e apoiado por grupos populares liderados por Gandhi, destacou-se por conduzir as negociações, junto à Inglaterra, que culminaram na independência do país, em 1947.

( ) Sob domínio inglês, a Índia tornou-se um importante centro industrial, exportando suas mercadorias para várias partes do mundo. Daí, ser considerada "a joia do império".

( ) A descolonização da Índia implicou grandes derramamentos de sangue, tanto por parte dos ingleses como dos indianos, extinguindo-se, nas guerras, várias castas tradicionais.

( ) A Índia procurou manter distância da polarização política que dividiu o mundo do pós-guerra em dois blocos: o capitalista e o socialista.

4. (Fuvest-SP)

A economia da Índia tem crescido em torno de 8% ao ano, taxa que, se mantida, poderá dobrar a riqueza do país em uma década. Empresas indianas estão superando suas rivais ocidentais. Profissionais indianos estão voltando do estrangeiro para seu país, vendo uma grande chance de sucesso empresarial.

Adaptado de: Beckett et al., 2007. Disponível em: <www.wsj-asia.com/pdf>. Acesso em: 29 jul. 2014.

O significativo crescimento econômico da Índia, nos últimos anos, apoiou-se em vantagens competitivas, como a existência de

a) diversas zonas de livre-comércio distribuídas pelo território nacional.

b) expressiva mão de obra qualificada e não qualificada.

c) extenso e moderno parque industrial de bens de capital, no noroeste do país.

d) importantes "cinturões" agrícolas, com intenso uso de tecnologia, produtores de *commodities*.

e) plena autonomia energética propiciada por hidrelétricas de grande porte.

5. (UEPB) O Brasil, a Rússia, a Índia, a China e, mais recentemente, a África do Sul formam os países emergentes da economia globalizada denominados de BRICS, os quais detêm, juntos, aproximadamente 40% da população do globo, 1/4 do território terrestre e 18% do PIB mundial.

Podemos identificar como características comuns desses países, que lhes garantem a posição de destaque no cenário mundial:

I. O índice de desenvolvimento humano elevado.

II. O mercado consumidor interno em crescimento.

III. O parque industrial amplo e a economia em expansão.

IV. A população expressiva com possibilidade de ampliação do consumo.

Estão corretas apenas as proposições:

a) I, II e III

b) I e IV

c) II e III

d) I, III e IV

e) II, III e IV

Questões

6. (UFMG) Há expectativas quanto ao desempenho atípico dos países emergentes na situação de crise que a economia mundial vem enfrentando. Esse fato, por si, já se constitui em novidade, pois essa categoria de países – os emergentes – nem sequer foi contemplada quando, ao final da Guerra Fria, se propôs a substituição da divisão do mundo em países de Primeiro, Segundo e Terceiro mundos pela divisão em países Centrais, Semiperiféricos e Periféricos.

As características demográficas das populações dos países denominados emergentes já foram interpretadas como obstáculos ao desenvolvimento de suas economias. Hoje, essas características demográficas são consideradas vantagens em relação aos países desenvolvidos da Europa mais duramente atingidos pela queda do poder de compra do mercado internacional.

Considerando essas informações,

a) CITE **dois** países que, como o Brasil, compõem o grupo dos emergentes. IDENTIFIQUE o continente em que cada um deles está localizado.

b) RESPONDA: Em que categoria de países se incluem os emergentes: Centrais, Semiperiféricos ou Periféricos? APRESENTE **duas** razões que justificam sua resposta.

c) CITE **uma** característica demográfica de populações dos países emergentes que esteja se constituindo em vantagem para os mesmos. EXPLIQUE como se dá o impacto dessa característica sobre a economia.

7. (UERJ) Os países subdesenvolvidos que se industrializaram durante o século XX basearam-se em modelos diferentes de implementação de sua atividade fabril, o que gerou quadros sociais e econômicos consideravelmente distintos entre eles. Observe a tabela a seguir:

Taxa de crescimento do PIB (%)
(média anual para o período)

País/Território	1980-1990	1990-2000	2000-2005
Brasil	2,7	2,9	2,2
México	1,1	3,1	1,9
Argentina	−0,7	4,3	2,2
Coreia do Sul	8,9	5,7	4,6
Cingapura	6,7	7,8	4,2
Hong Kong	6,9	4,0	4,3

Adaptado de: <www.scipione.com.br>. Acesso em: 29 jul. 2014.

Indique duas características do modelo de industrialização adotado pelos países latino-americanos presentes na tabela acima. Indique também dois motivos que expliquem o melhor desempenho econômico dos Tigres Asiáticos no período entre 1980 e 2005.

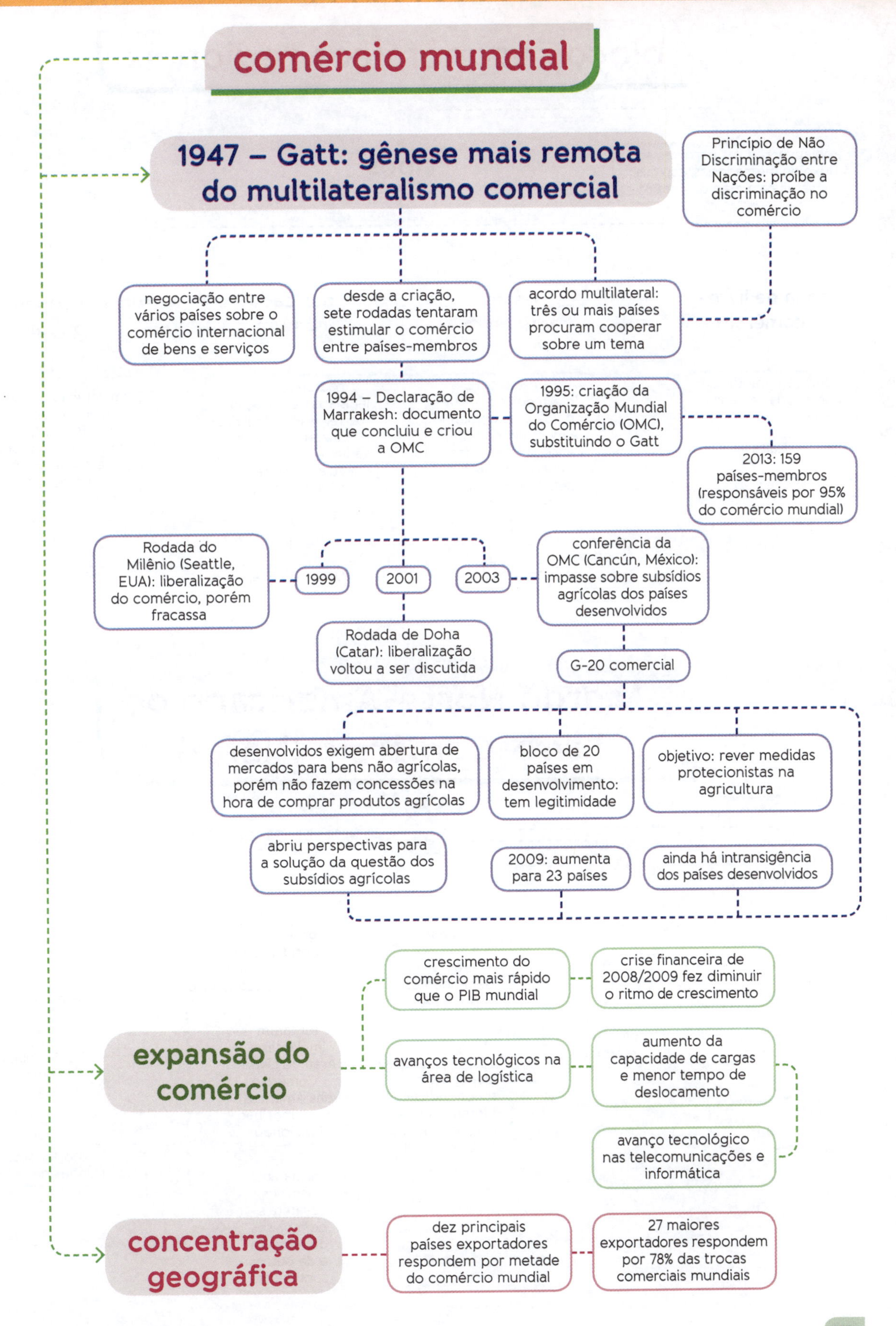
comércio mundial
1947 – Gatt: gênese mais remota do multilateralismo comercial
Princípio de Não Discriminação entre Nações: proíbe a discriminação no comércio
negociação entre vários países sobre o comércio internacional de bens e serviços
desde a criação, sete rodadas tentaram estimular o comércio entre países-membros
acordo multilateral: três ou mais países procuram cooperar sobre um tema
1994 – Declaração de Marrakesh: documento que concluiu e criou a OMC
1995: criação da Organização Mundial do Comércio (OMC), substituindo o Gatt
2013: 159 países-membros (responsáveis por 95% do comércio mundial)
Rodada do Milênio (Seattle, EUA): liberalização do comércio, porém fracassa
1999
2001
2003
conferência da OMC (Cancún, México): impasse sobre subsídios agrícolas dos países desenvolvidos
Rodada de Doha (Catar): liberalização voltou a ser discutida
G-20 comercial
desenvolvidos exigem abertura de mercados para bens não agrícolas, porém não fazem concessões na hora de comprar produtos agrícolas
bloco de 20 países em desenvolvimento: tem legitimidade
objetivo: rever medidas protecionistas na agricultura
abriu perspectivas para a solução da questão dos subsídios agrícolas
2009: aumenta para 23 países
ainda há intransigência dos países desenvolvidos
expansão do comércio
crescimento do comércio mais rápido que o PIB mundial
crise financeira de 2008/2009 fez diminuir o ritmo de crescimento
avanços tecnológicos na área de logística
aumento da capacidade de cargas e menor tempo de deslocamento
avanço tecnológico nas telecomunicações e informática
concentração geográfica
dez principais países exportadores respondem por metade do comércio mundial
27 maiores exportadores respondem por 78% das trocas comerciais mundiais

blocos econômicos regionais
objetivo: reduzir barreiras ao fluxo de mercadorias, capitais, serviços e mão de obra
tipos
zona de livre--comércio
liberação gradual de mercadorias e capitais
Nafta
união aduaneira
estágio intermediário entre zona de livre-comércio e mercado comum: abolição de tarifas alfandegárias e definição de Tarifa Externa Comum
Mercosul
mercado comum
padronização da legislação, eliminação de barreiras alfandegárias, uniformização de tarifas e liberalização da circulação de capitais, mercadorias, serviços e pessoas
União Europeia
união econômica e monetária
implatação de moeda única, criação de um Banco Central (no caso, o europeu) e convergência de políticas macroeconômicas
União Europeia
Acordo Norte-Americano de Livre-Comércio (Nafta)
países: EUA, México e Canadá
entrou em vigor em 1994
crescimento do comércio intrabloco
Canadá e México ficaram mais dependentes dos EUA
dependência foi prejudicial durante a crise originada nos EUA em 2008
governo dos EUA considerou um meio de expandir seus interesses econômicos
tentaram implantar a Área de Livre--Comércio das Américas (Alca), mas não funcionou
firmaram acordos bilaterais com países da América e de outros continentes
2012
população: 470 milhões
PIB: 19 trilhões de dólares
exportações: 2,4 trilhões de dólares

União Europeia

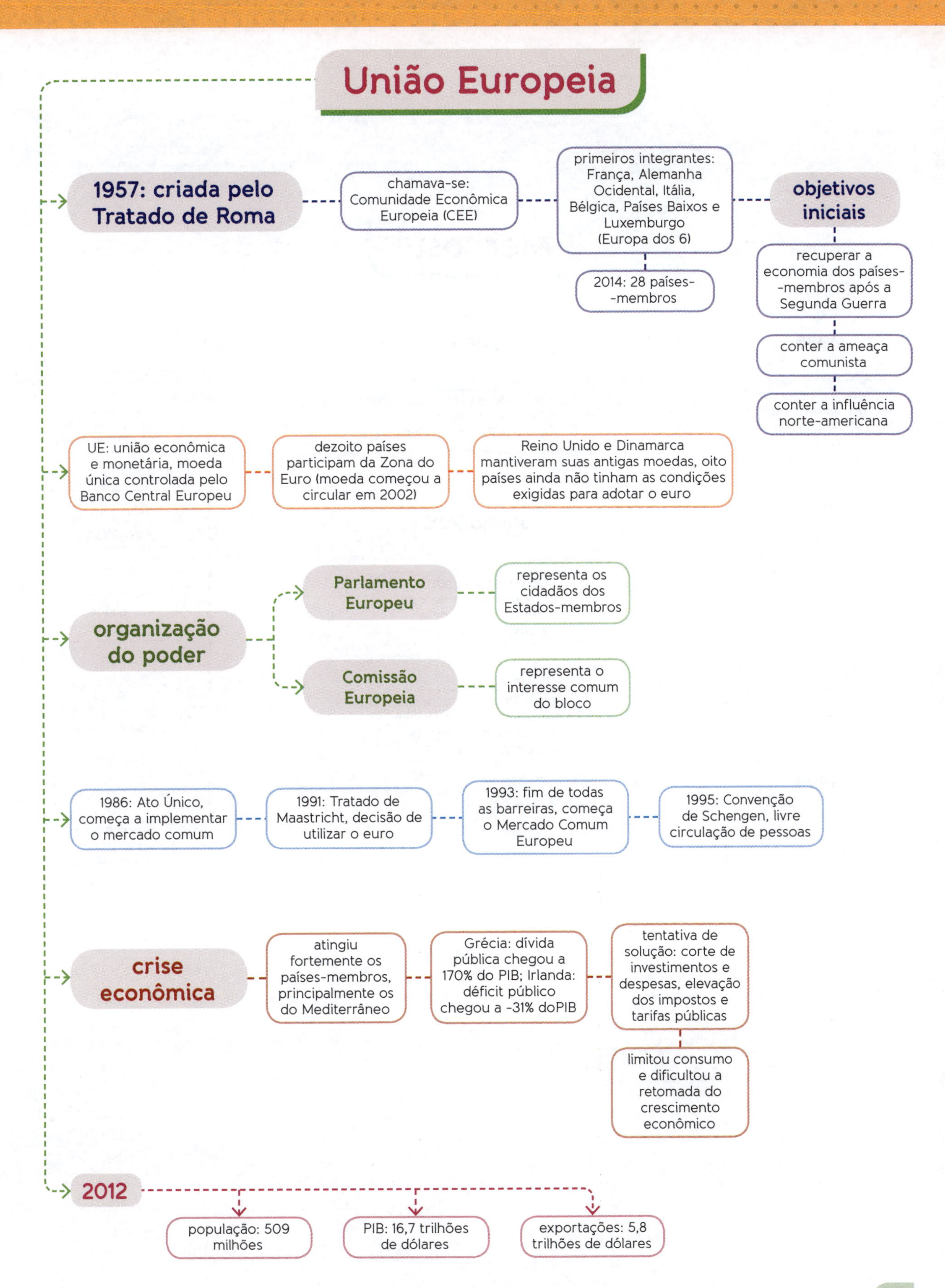

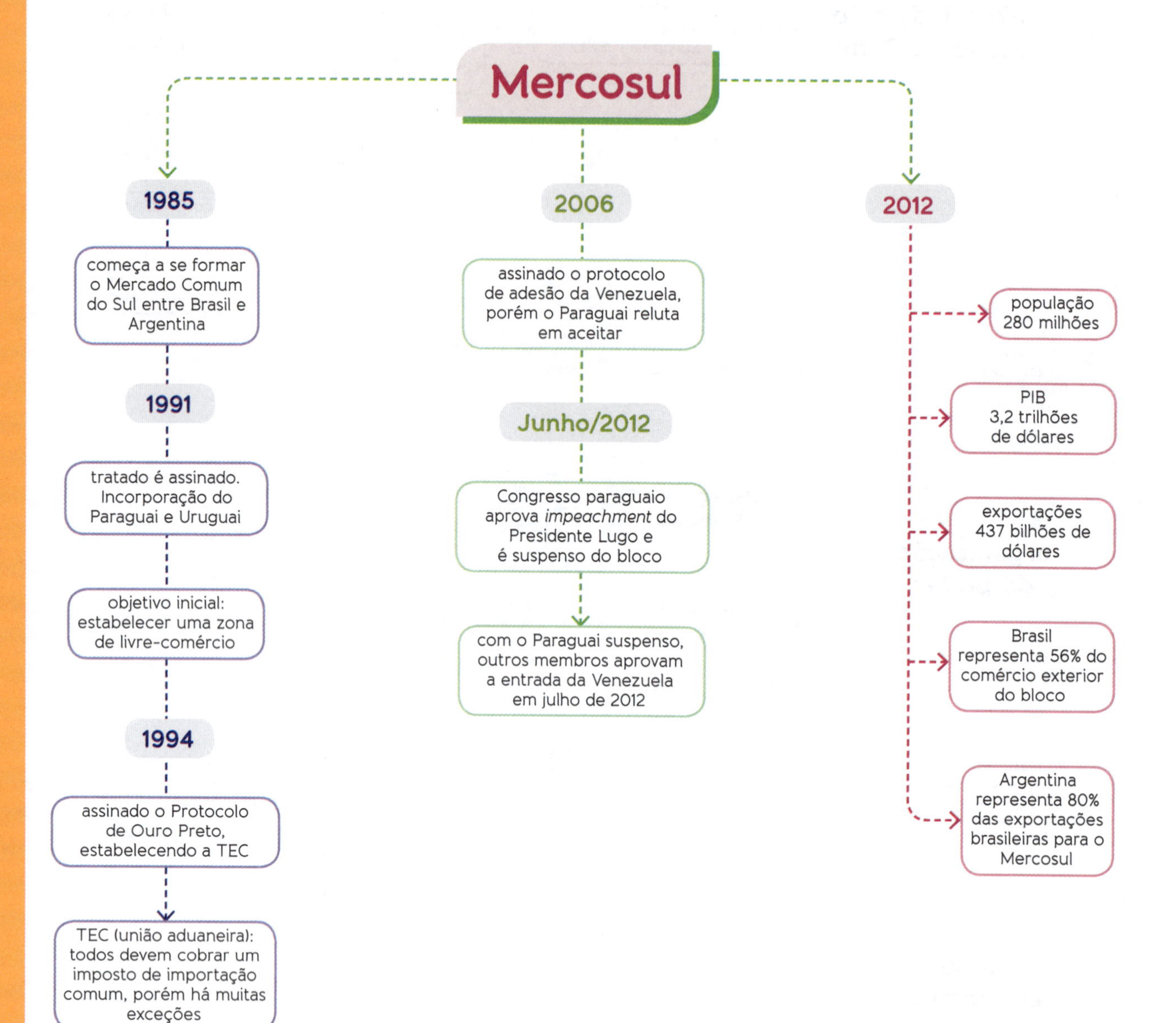

Mercosul
1985
começa a se formar o Mercado Comum do Sul entre Brasil e Argentina
1991
tratado é assinado. Incorporação do Paraguai e Uruguai
objetivo inicial: estabelecer uma zona de livre-comércio
1994
assinado o Protocolo de Ouro Preto, estabelecendo a TEC
TEC (união aduaneira): todos devem cobrar um imposto de importação comum, porém há muitas exceções
2006
assinado o protocolo de adesão da Venezuela, porém o Paraguai reluta em aceitar
Junho/2012
Congresso paraguaio aprova *impeachment* do Presidente Lugo e é suspenso do bloco
com o Paraguai suspenso, outros membros aprovam a entrada da Venezuela em julho de 2012
2012
população 280 milhões
PIB 3,2 trilhões de dólares
exportações 437 bilhões de dólares
Brasil representa 56% do comércio exterior do bloco
Argentina representa 80% das exportações brasileiras para o Mercosul

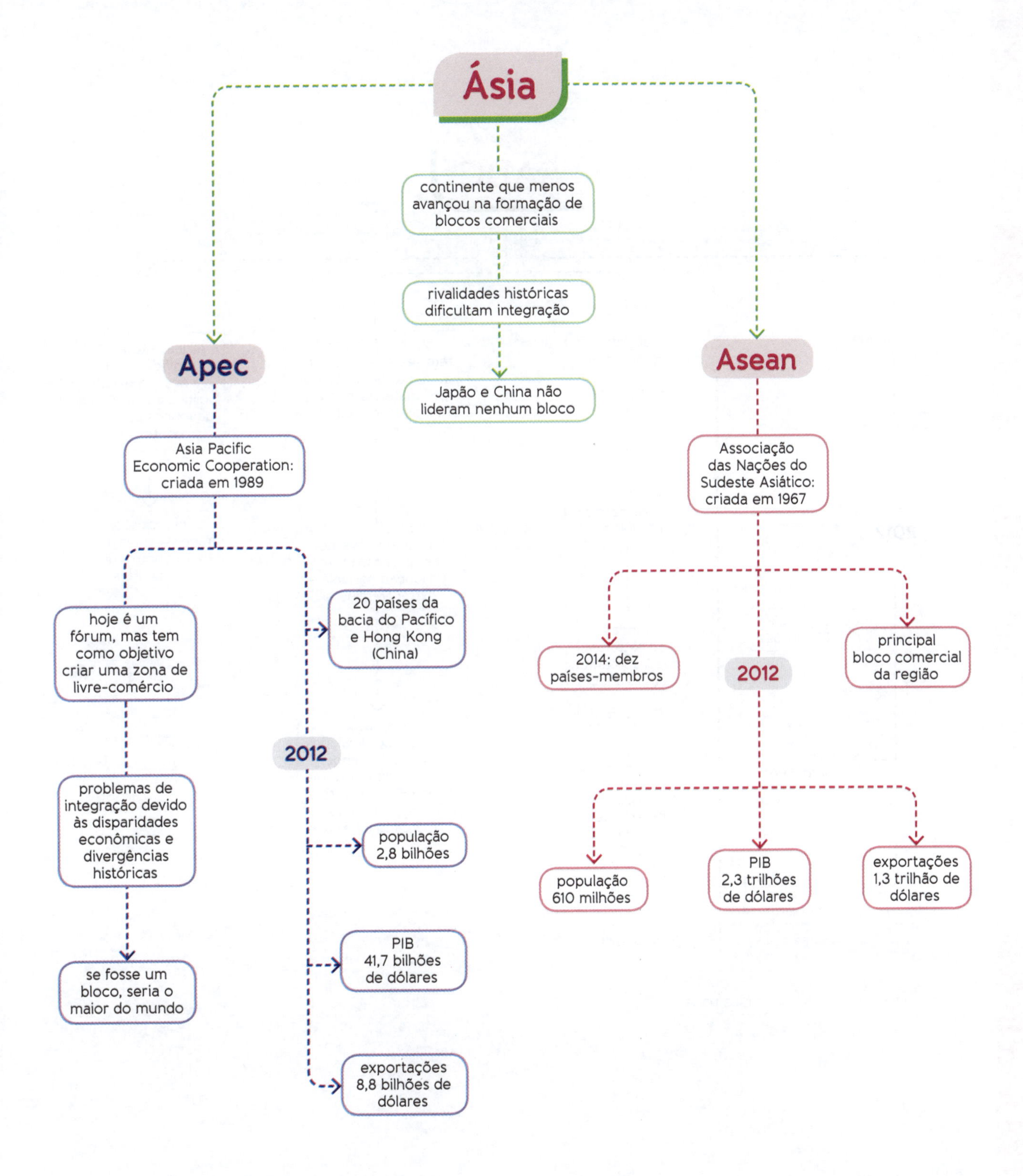
Ásia
continente que menos avançou na formação de blocos comerciais
rivalidades históricas dificultam integração
Japão e China não lideram nenhum bloco
Apec
Asia Pacific Economic Cooperation: criada em 1989
hoje é um fórum, mas tem como objetivo criar uma zona de livre-comércio
problemas de integração devido às disparidades econômicas e divergências históricas
se fosse um bloco, seria o maior do mundo
20 países da bacia do Pacífico e Hong Kong (China)
2012
população 2,8 bilhões
PIB 41,7 bilhões de dólares
exportações 8,8 bilhões de dólares
Asean
Associação das Nações do Sudeste Asiático: criada em 1967
2014: dez países-membros
principal bloco comercial da região
2012
população 610 milhões
PIB 2,3 trilhões de dólares
exportações 1,3 trilhão de dólares

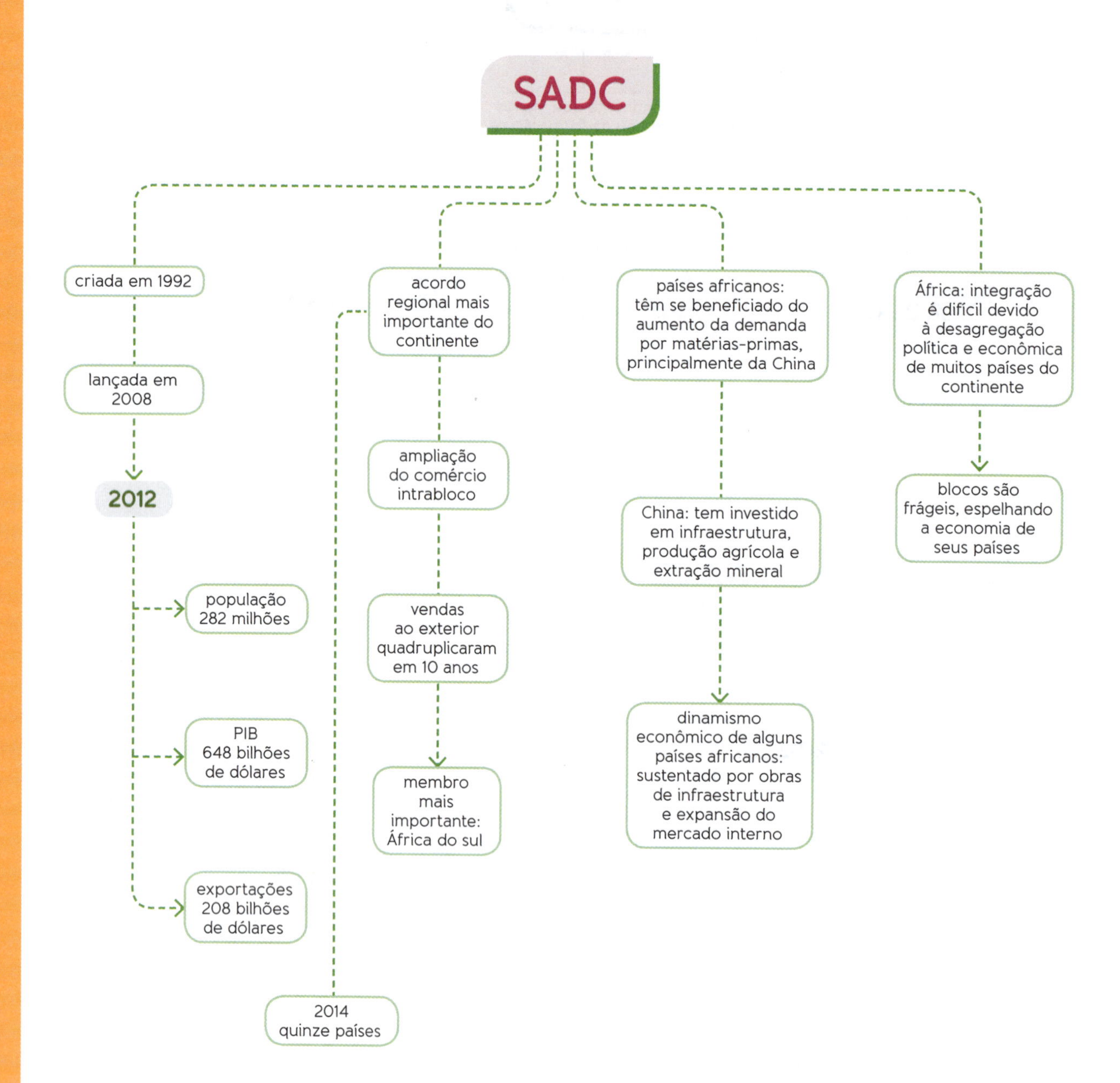

SADC
criada em 1992
lançada em 2008
2012
população 282 milhões
PIB 648 bilhões de dólares
exportações 208 bilhões de dólares
acordo regional mais importante do continente
ampliação do comércio intrabloco
vendas ao exterior quadruplicaram em 10 anos
membro mais importante: África do sul
2014 quinze países
países africanos: têm se beneficiado do aumento da demanda por matérias-primas, principalmente da China
China: tem investido em infraestrutura, produção agrícola e extração mineral
dinamismo econômico de alguns países africanos: sustentado por obras de infraestrutura e expansão do mercado interno
África: integração é difícil devido à desagregação política e econômica de muitos países do continente
blocos são frágeis, espelhando a economia de seus países

Exercícios

Testes

1. (FGV-SP)

O presidente do Chile, Sebastián Piñera, afirmou nesta segunda-feira, 10 [de setembro], na Austrália, que a rodada de Doha da Organização Mundial do Comércio (OMC) está "morta", mas ninguém quer matá-la formalmente.

Disponível em: <www.cartacapital.com.br/economia/a-rodada-de-doha-ja-esta-morta-diz-presidente-chileno>. Acesso em: 29 jul. 2014.

Sobre a rodada de Doha da OMC, é correto afirmar:

a) Trata-se de uma série de negociações iniciadas em 1979, com vistas a amenizar os efeitos dos "choques do petróleo" na economia global.

b) Trata-se de uma série de negociações iniciadas em 2001, com vistas à liberalização do comércio mundial.

c) Trata-se de uma série de negociações iniciadas em 2008, com vistas a atenuar os efeitos da crise financeira sobre os fluxos de comércio globais.

d) Trata-se de uma série de negociações iniciadas em 1992, com vistas a incentivar o comércio de bens e serviços ambientalmente sustentáveis.

e) Trata-se de uma série de negociações iniciadas em 2009, com vistas a garantir a soberania alimentar dos países mais pobres.

2. (UEM-PR) No processo de integração da economia mundial, uma das principais tendências tem sido a formação de blocos macrorregionais. No caso da política de integração europeia, isso ocorreu em etapas e com a criação de organismos supranacionais. Sobre esse tema, assinale a(s) alternativa(s) correta(s).

01) Na década de 1940, houve a união alfandegária formada pela Bélgica, Holanda e Luxemburgo (Benelux), visando ao estímulo do comércio mediante a eliminação das barreiras alfandegárias.

02) Na década de 1950, constituiu-se o Mercado Comum Europeu (MCE), contando inicialmente, entre os países-membros, com Benelux e mais a França, a Alemanha Ocidental e a Itália.

04) Na década de 1960, os países escandinavos, com o objetivo inicial de coordenar a produção da pesca e de seus derivados, criaram uma comunidade europeia específica, a Comunidade Europeia da Pesca (CEP).

08) A Associação Europeia de Livre-Comércio (ALEC) foi criada na década de 1970 pela Suíça, Áustria e por Liechtenstein, visando a uma comunidade menor, aos moldes do CEP.

16) Na década de 1990, foi criada a União Europeia (UE), sobre as bases do MCE, que reuniu, na década seguinte, muitos países da Europa Oriental.

3. (UEPB) A característica mais forte da globalização é a interdependência entre os diversos atores globais, daí a crise econômica que teve início com o colapso do mercado imobiliário norte-americano ter atingido fortemente a União Europeia, cuja insatisfação e mobilização popular têm como causas:

I. a imposição de medidas impopulares para equilibrar as contas dos Estados, tais como os cortes nos gastos públicos e o aumento de impostos.

II. a redução da renda e da qualidade de vida, direitos historicamente conquistados pelos cidadãos europeus, em especial dos países que implantaram a social-democracia.

III. o aumento do desemprego e dos cortes nos recursos à assistência social, enquanto os Estados se endividam e utilizam recursos públicos para salvar o mercado financeiro.

IV. o forte controle da União Europeia sobre a imigração clandestina, que compensa o baixo crescimento demográfico e ocupa funções não qualificadas, sendo portanto bem aceita pela população.

Estão corretas apenas as proposições:

a) I, II e III
b) I e IV
c) II e IV
d) II, III e IV
e) I e III

4. (Udesc) O novo rearranjo, ou a nova ordem mundial, tem imprimido uma série de modificações ao mundo contemporâneo. Uma dessas mudanças é a aglomeração de alguns países em blocos. Sobre os blocos econômicos, pode-se afirmar:

a) ALCA significa Área de Livre-Comércio das Américas, e envolve somente os países do Mercosul.

b) A ALCA é a união do Nafta com o MERCOSUL, para fazer frente aos avanços da Comunidade Europeia.

c) Fazem parte do Tratado de Livre-Comércio da América do Norte – NAFTA – o Canadá, o México e os Estados Unidos.

d) Os EUA recusaram-se a fazer parte do MERCOSUL, pois amargam o maior *deficit* da balança comercial de sua história, algo em torno de US$ 200 bilhões.

e) A ALCA é uma proposta de Fidel Castro no sentido de criar uma área de livre-comércio do Alasca à Terra do Fogo.

5. (ESPM-SP) Leia o texto:

O compromisso brasileiro com a integração regional tem sido uma prioridade de todos os governos desde 1985... Ao olhar para nossa geografia, entendemos por que isso faz sentido.

Emílio Odebrecht, *Folha de S.Paulo*, 25/07/10.

A alternativa que justifica a fala do autor é:

a) A ALADI, Associação Latino-Americana de Integração, configura-se como a mais importante iniciativa de integração regional das Américas nos últimos anos e integra todos os países do continente.

b) O "olhar" ao qual se refere o autor diz respeito à homogeneidade étnica e natural da América do Sul, um fator facilitador da integração regional.

c) O fato de o Brasil fazer fronteiras com todos os países sul-americanos, justifica a preocupação dos governos citados, especialmente com a prioridade dada ao Mercosul, a partir da assinatura do Tratado de Assumpção.

d) O Brasil faz fronteira com quase todos os países sul-americanos e isso é um aspecto que justifica a prioridade à integração regional que tem no Mercosul o principal bloco econômico.

e) Com exceção da Venezuela e Cuba, a Unasul surge como o principal fórum de resoluções políticas do cone sul da América.

6. (Cefet-MG) Analise a charge referente às mudanças recentes no MERCOSUL.

Brum/Arquivo do cartunista

Nesse contexto, é correto afirmar que

a) o Paraguai foi excluído do bloco.

b) o Brasil assumiu o posto de líder do bloco.

c) a Venezuela tornou-se um membro efetivo.

d) o Chile mudou seu *status* de observador para permanente.

7. (UERJ) O comércio externo constitui um dos aspectos mais importantes da economia nacional em tempos de globalização. Observe, por exemplo, o mapa ao lado, que apresenta as importações dos EUA provenientes do continente americano em 2005.

A principal explicação para o elevado valor do intercâmbio de mercadorias dos Estados Unidos com os seus dois principais parceiros no continente americano é a existência de:

a) acordo comercial.

b) unidade monetária.

c) igualdade tributária.

d) infraestrutura integrada.

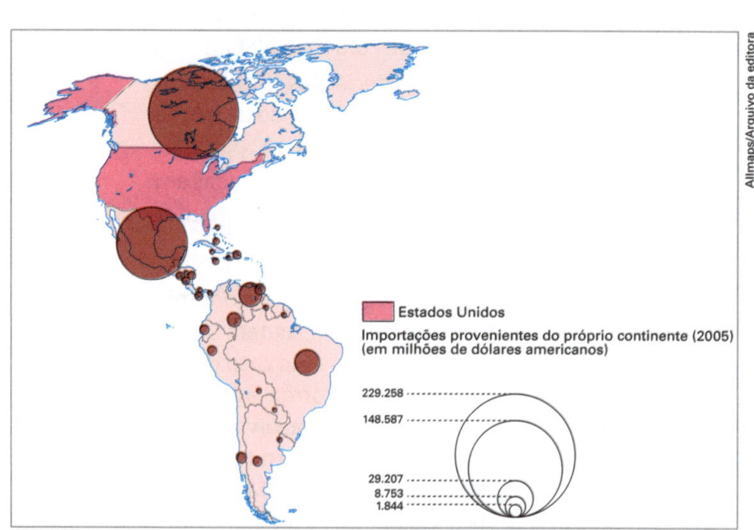

Allmaps/Arquivo da editora

Adaptado de: www.ladocumentationfrancaise.fr.

Questões

8. (Unesp-SP) Analise o mapa ao lado. Explique o volume de capital mobilizado nos fluxos comerciais realizados entre Sudeste Asiático/Oceania, Europa Ocidental e América do Norte. Indique diferenças em relação à forma de inserção da Europa Ocidental e da América do Sul/Caribe no comércio mundial.

Comercio mundial (em bilhões de dólares, em 2006)

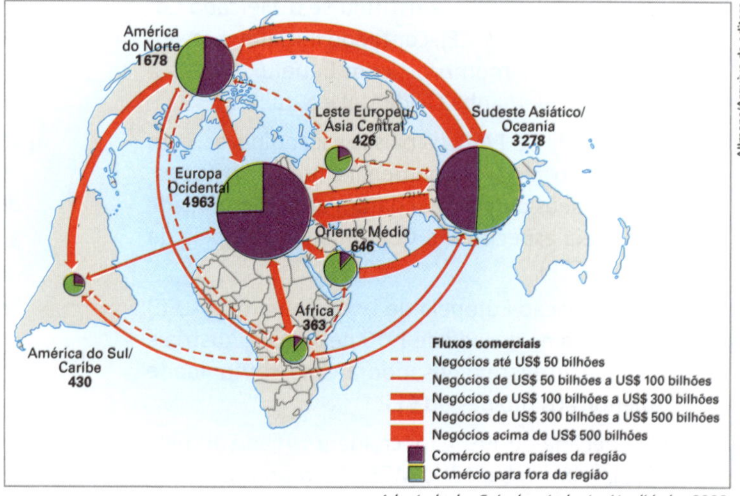

Allmaps/Arquivo da editora

Adaptado de: *Guia do estudante. Atualidades*. 2009.

Desafio

Theo Szczepanski/Arquivo da Editora

Olimpíadas de Geografia

Características da globalização

1. (Desafio National Geographic/2010)

Paraísos fiscais(*)

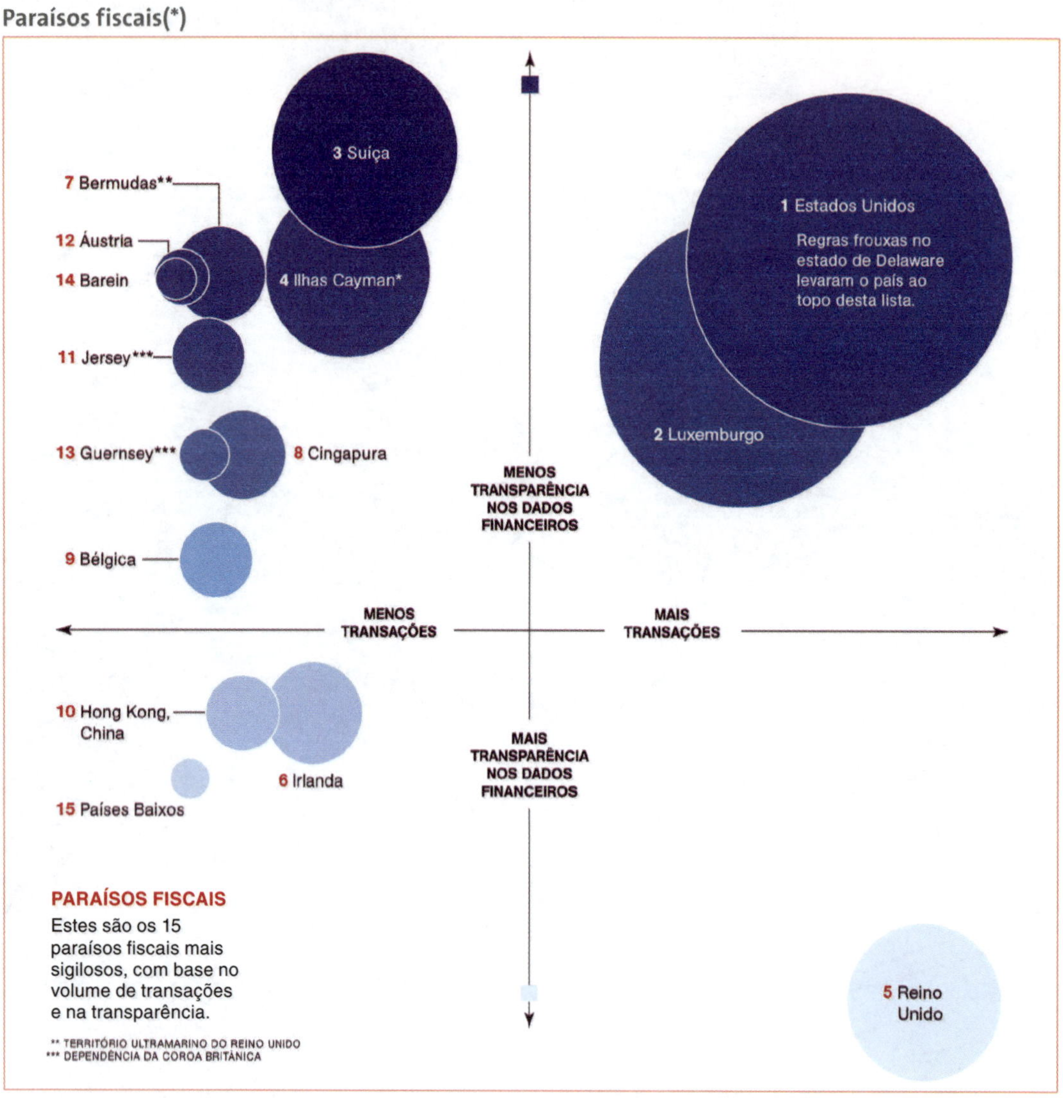

Revista *National Geographic Brasil*, edição n. 123, junho de 2010. pág. 38.

Com base no gráfico, considere as afirmações a seguir:

I. Os paraísos fiscais hoje existentes ficam em ilhas oceânicas, em dependências de países ou regiões autônomas. Aliada ao sigilo absoluto e à tributação baixa ou inexistente, essa posição geográfica estratégica foi escolhida para proteger investidores de todo o mundo.

II. Após a crise financeira global de 2008/2009, os paraísos fiscais foram obrigados a abrir mão das regras que protegem a identidade do investidor e a origem dos recursos, adotando a transparência nos dados financeiros.

III. Variam o grau de transparência dos dados e o volume de recursos financeiros nos paraísos fiscais apresentados. Articulados às redes globais das finanças, eles funcionam em países desenvolvidos e em desenvolvimento, bem como em territórios ultramarinos ou sob dependência de Estados nacionais.

Está correto o que foi afirmado em:

a) I, II e III.

b) I, apenas.

c) II e III.

d) III, apenas.

2. (Desafio National Geographic/2011)

Chegadas internacionais de turistas segundo as grandes regiões – 2010

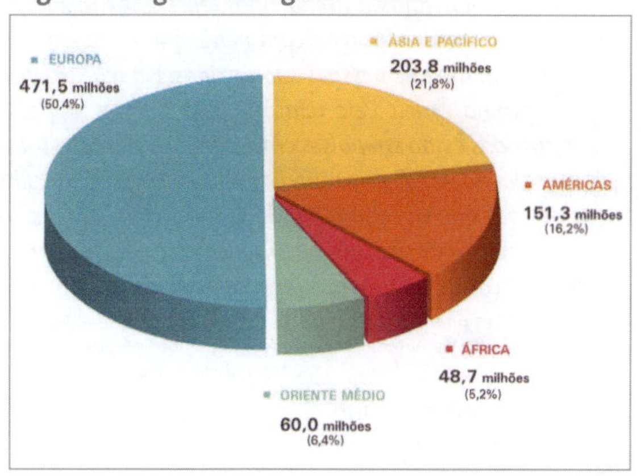

Organização Mundial do Turismo, 2010.

De acordo com os dados expostos no gráfico, é correto afirmar que:

a) Devido à sua estabilidade econômica, a Ásia conta com os espaços turísticos mais procurados em todo o mundo.

b) Os destinos mais procurados pelos turistas internacionais são os ambientes tropicais, favoráveis ao turismo de sol e praia.

c) O patrimônio histórico e cultural europeu contribui para que o continente receba grande contingente de visitantes.

d) Os conflitos e as guerras civis causaram a suspensão da visitação turística ao Oriente Médio e ao Norte da África.

3. (Desafio National Geographic/2012)

Mais de mil ingredientes da alimentação mundial correm o risco de desaparecer, segundo a fundação Slow Food. *Cerca de 20 deles são brasileiros. O guaraná, bem antes de virar refrigerante, já era cultivado pelas tribos amazônicas há séculos. Hoje, seus maiores produtores são os índios sateré--mawés, do Médio Amazonas, que fabricam bastões com sementes torradas para extrair o pó do guaraná. [...] A palmeira juçara é nativa da Mata Atlântica. [...] ela não gera novos brotos depois de cortada. Hoje, é uma espécie ameaçada: em estado natural, limita-se às áreas isoladas do litoral paulista. Em meados dos anos 1990, os guaranis começaram a plantar pés de juçara em seus quintais. Em 2004, novos programas coordenados pela* Slow Food *ampliaram a produção e a captação de recursos para projetos desse tipo.*

Adaptado de: "Guardiões do sabor." *National Geographic Brasil on-line.* Disponível em: <http://viajeaqui.abril.com.br/materiais/especial-guardioes-do-sabor-alimentos-extincao>. Acesso em: 5 mar. de 2013.

É correto afirmar que iniciativas como as dos grupos e da entidade descritos contribuem para:

a) Converter populações tradicionais de diferentes países e regiões em grandes exportadoras de matérias-primas de origem vegetal.

b) Atender a determinações do agronegócio, hoje mais interessado em comercializar bens no mercado do que em produzir alimentos.

c) Valorizar tanto a biodiversidade como os hábitos alimentares e a identidade cultural de diferentes populações tradicionais.

d) Finalizar o processo de substituição de alimentos da agricultura moderna por bens saudáveis e produzidos de modo sustentável.

Classificação de países

4. (Desafio National Geographic/2012) Observe o texto e o mapa a seguir e responda à questão.

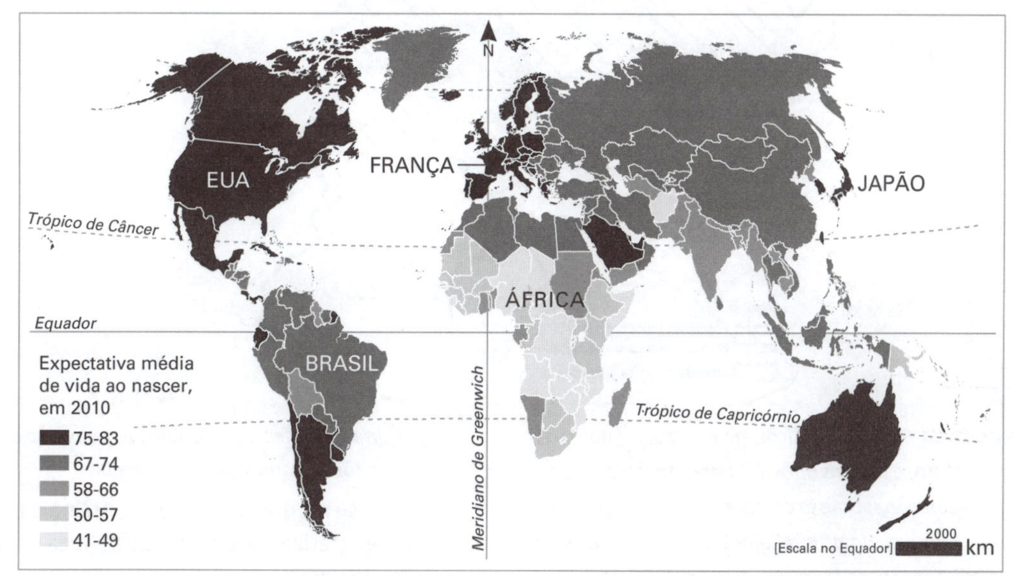

Desafio Nacional Geographic.

Há cada vez mais gente centenária, mas poucos vivem além disso – assim, a expectativa de vida, mesmo nos países mais ricos, permanece na casa dos dois dígitos. Havia 53 364 pessoas centenárias nos Estados Unidos em abril de 2010. Estima-se que em 2050 haverá 601 000 pessoas nesta faixa etária naquele país. No Brasil, registrou-se em 2010 a presença de 23 760 pessoas na casa dos 100 anos de idade.

Agência de Referência Populacional (EUA); IBGE. *National Geographic Brasil*, edição n. 140, pág. 33, novembro de 2011.

De acordo com os dados, é correto afirmar, quanto à expectativa de vida no mundo, que:

a) Há um progressivo aumento nas taxas de mortalidade de idosos no mundo, incluindo os que vivem nos países desenvolvidos.

b) Países como os Estados Unidos apresentam elevada expectativa de vida e projeções futuras de aumento do percentual de centenários.

c) No mundo contemporâneo, os altos índices de expectativa de vida são uma característica sociodemográfica restrita a um grupo de países ricos.

d) Há um declínio da expectativa de vida nos países ricos e em desenvolvimento em função dos efeitos perversos da atual crise econômica mundial.

5. (Desafio National Geographic/2012)

No mundo, há aproximadamente 870 milhões de pessoas que sofrem de subnutrição, segundo um relatório da FAO-ONU. A média de subnutridos representa 12,5% da população mundial. A Ásia é o continente que lidera em número a quantidade de pessoas subnutridas. Há registro de um aumento na África. Pelo relatório, 852 milhões de pessoas subnutridas estão em países em desenvolvimento, representando 15% da população mundial. Mas há cerca de 16 milhões de pessoas que vivem em países desenvolvidos. No entanto, o documento avalia que houve melhora nos números em comparação aos dados das últimas duas décadas.

National Geographic Brasil on-line. Disponível em: <http://viajeaqui.abril.com.br/materias/onu-quase-870-milhoes-de-pessoas-passam-fome-no-mundo-noticias>. Acesso em: 20 fev. 2013.

É correto afirmar que o quadro descrito decorre de fatores como a:

a) Desigualdade de acesso aos alimentos em vários países e oscilação nos preços de bens agrícolas.

b) Progressiva queda na produção agropecuária mundial, em especial nos países desenvolvidos.

c) Ausência de tecnologias capazes de impulsionar a produção e o comércio de alimentos no mundo.

d) Baixa produtividade agrícola verificada em países em desenvolvimento, como o Brasil e a China.

Conflitos armados

6. (Desafio National Geographic/2010)

República dos Bálcãs e população sérvia nos países

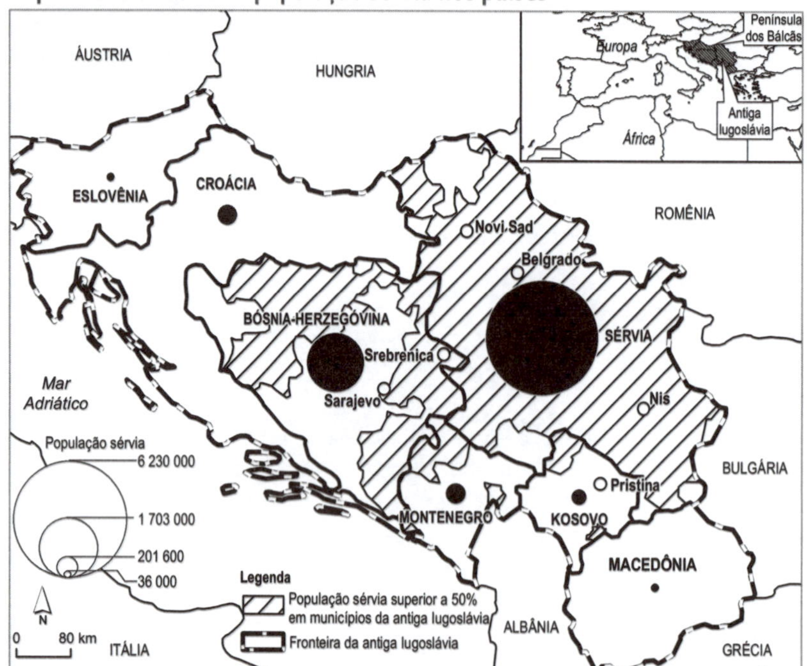

Revista *National Geographic Brasil*, edição n. 112, julho 2009. p. 105.

A conturbada região dos Bálcãs, na Europa, foi palco de inúmeros conflitos e guerras após a fragmentação da Iugoslávia, uma federação socialista composta por seis repúblicas e diferentes línguas, etnias e religiões. O país se manteve unificado até a morte do Marechal Tito em 1980, com base no regime e na ideologia socialistas, repressão aos opositores e concessões às autonomias nacionais.

Com base no mapa e no texto, assinale a alternativa que caracteriza a atual divisão política na região após o fim da Iugoslávia:

a) Após a independência, Eslovênia, Croácia, Bósnia-Herzegóvina e Macedônia ingressaram na União Europeia.

b) O comando político das seis repúblicas independentes atuais permanece com os sérvios, já que eles são a maioria da população nesses países.

c) Da antiga república socialista, restou apenas o conjunto formado por Sérvia e Montenegro, sob o comando de líderes sérvios.

d) Kosovo declarou independência da Sérvia em 2008, mas o país ainda é considerado uma província rebelde por esta última.

7. (Desafio National Geographic/2011)

A Síria é uma terra antiga, moldada ao longo de milênios pelo comércio e pelas migrações. [...] O regime dos Assad não se mantém no poder há quase 40 anos com medidas tolerantes. Ele conseguiu sobreviver numa região violenta [com] astúcia política e aproximação interesseira com nações mais poderosas – como União Soviética e agora o Irã. As relações com os Estados Unidos, raramente boas, se tornaram ainda mais difíceis após a invasão do Iraque em 2003. [...] Hafez Assad [pai de Bashar, presidente atual] articulou em 1970 um golpe de Estado para chegar ao poder. Era inclemente com seus inimigos, sobretudo com a Irmandade Muçulmana Síria. [...] No fim da década de 1970, esta promoveu uma série de atentados. Hafez ordenou bombardeios em redutos dos militantes. Milhares de pessoas morreram ou foram detidas, torturadas e abandonadas em prisões.

Revista *National Geographic Brasil*, edição n. 116, novembro de 2009. p. 82-83.

O texto contribui para explicar por que, diante das intensas revoltas populares no mundo árabe-muçulmano ao longo de 2011, o governo sírio:

a) A exemplo de outras ditaduras chefiadas por militares ou monarcas na região, vem reprimindo fortemente as manifestações populares em seu país.

b) Pressionado por potências ocidentais, realizou eleições gerais e procurou garantir o direito à livre manifestação dos cidadãos do país.

c) Confirmando sua tradição democrática, vem apoiando grupos islâmicos e movimentos populares contra ditaduras na Líbia, Iêmen e Bahrein.

d) Como aliado histórico do Ocidente na região, adotou posição de neutralidade diante dos conflitos no norte da África e no Golfo Pérsico.

8. (Desafio National Geographic/2011)

Quando os britânicos se retiraram em meados da década de 1950, não admira que a região fosse engolfada por uma guerra civil. Os rebeldes combateram as tropas do governo federal durante os anos 1960, e 500 mil pessoas perderam a vida antes que os dois lados interrompessem as hostilidades em 1972. [...] Com a eclosão da segunda guerra civil, em 1983, surgiu um novo grupo rebelde. Anos de carnificina se seguiram e foram encerrados em 2005, com a assinatura do Acordo de Paz Global. [...] Nas regiões em que árabes e negros haviam, ao longo da história, disputado terras de pastagem, agora eles lutavam pelo petróleo – reservas de até 3 bilhões de barris em uma zona fronteiriça [...] há tempos uma área de confronto entre tribos e clãs.

Revista *National Geographic Brasil*, edição n. 132, março de 2011. p. 106 e 115.

Os episódios descritos estão diretamente relacionados a:

a) Conflitos históricos entre grupos do norte e do sul do Sudão, onde um referendo aprovou a criação do Sudão do Sul em 2011.

b) Lutas entre milícias na Somália, tendo como desfecho a criação da Somalilândia, província separatista no norte do país.

c) Combates entre as tropas do governo comunista de Angola e a guerrilha pró-ocidental, com a vitória final das primeiras.

d) Guerra civil opondo tropas do governo da Líbia e os grupos revoltosos que querem depor Muammar Kadhafi, há 40 anos no poder.

A geografia das indústrias

9. (Desafio National Geographic/2010)

Com a globalização, nós nos tornamos consumidores interconectados em uma época de mudanças dramáticas e constantes. Uma parcela maior da população mundial passa a ter desejos e necessidades na aquisição de bens antes típicos dos países mais ricos do planeta. O comércio global elevou a um novo patamar o apetite de todo o mundo, uma vez que mais pessoas passaram a consumir mais de tudo.

Dossiê Terra

Adaptado de: *Dossiê Terra:* O estado do planeta – 2010. edição n. 115-A, 2009. p. 49.

Há uma razão e uma consequência para o aumento do consumo atual. Elas estão, respectivamente, apresentadas em:

a) Anseio global por maior conforto associado ao uso de agressiva propaganda / Contínuo crescimento da oferta de combustíveis fósseis.

b) Acelerado ritmo de industrialização nos países da América Latina / Eliminação plena de diferenças culturais.

c) Aumento da chamada classe média em alguns países de economia emergente / Impacto ambiental com possibilidade de devastadoras mudanças climáticas.

d) Redução generalizada das desigualdades sociais em todos os países do mundo / Esgotamento das matérias-primas que sustentam o crescimento da produção.

10. (Desafio National Geographic/2010)

Produção de automóveis no mundo

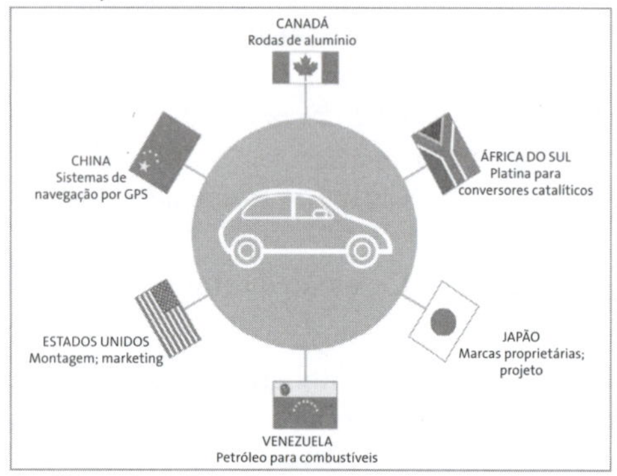

Dossiê Terra: O estado do planeta – 2010. Revista National Geographic Brasil, 2009, edição especial. p. 55.

A partir do esquema anterior, considere as afirmações a seguir:

I. O circuito produtivo dos automóveis ocorre hoje integralmente no interior de cada país, da concepção original à venda final ao consumidor, desvinculando-se da produção globalizada.

II. Etapas como as de concepção, *marketing*, produção de peças e componentes e montagem do produto final distribuem-se por vários países e regiões do planeta, evidenciando a produção em escala global de automóveis.

III. Na produção do carro mundial, cabe a países ricos fabricar peças e componentes e oferecer combustíveis automotores e aos países emergentes o comando na concepção, *marketing* e publicidade dos bens em questão.

Está correto o que foi afirmado em:

a) I, II e III.

b) I, somente.

c) II e III.

d) II, somente.

Países de industrialização planificada

11. (Desafio National Geographic/2011)

A China é o maior fenômeno econômico da história. Nenhum outro país cresceu por 30 anos seguidos [...] à taxa média de 12% ao ano. Em 2010, ela se tornou a segunda maior economia do mundo.

Por aqui, esse êxito é explicado por teses simplistas. Decorreria de taxas de câmbio valorizadas, de políticas industriais ou da ação de empresas estatais. Na verdade, o sucesso chinês tem raízes mais amplas, profundas e provavelmente duradouras. [...]

As reformas econômicas aumentaram o retorno propiciado pela educação. Na política externa, os diplomatas chineses concluíram que o país não podia (nem deveria) desafiar tão cedo a dominância global dos EUA. Ao contrário, a estratégia foi a de cooperação com os americanos, a melhor fonte de tecnologia, investimento e demanda por seus produtos.

Mailson da Nóbrega. A ascensão da China. *Veja*, ed. n. 2221, 15/06/2011. p. 22.

Com base no texto, é correto afirmar que a forte ascensão econômica da China resulta, entre outros pontos, da(o):

a) Subordinação política e econômica do país em sua relação comercial com os Estados Unidos.

b) Forte controle social e da repressão a minorias étnicas adotados pelo governo central.

c) Política industrial e da Revolução Cultural instaladas no governo comunista de Mao Tsé-Tung.

d) Investimento na economia e na educação, aliado a um pragmatismo diplomático.

12. (Desafio National Geographic/2010)

Sobre a cidade de Xangai, na China, considere as afirmações a seguir:

I – Apesar do forte crescimento econômico chinês, Xangai vive intensa depressão econômica, herança das interferências do governo comunista que exilou suas elites econômicas, suprimiu o dialeto local e se apropriou dos recursos financeiros da cidade.

II – Desde meados da década de 1970, quase dobrou a população da cidade. Nas décadas seguintes, houve aceleração do crescimento econômico. Mais de 6 milhões de migrantes temporários elevam para quase 20 milhões de pessoas a população da metrópole, cuja mancha urbana estende-se hoje por cerca de 1 000 km^2.

III – Em função do tipo e do ritmo de crescimento registrado em Xangai, a metrópole vem conhecendo hoje a proliferação de arranha-céus e canteiros de obras. Estão programados novos edifícios modernos, demolição de prédios antigos, abertura de novas ruas e estradas e novos investimentos em infraestrutura.

Caracteriza corretamente a cidade de Xangai no período atual o que foi afirmado em:

a) I, II e III.
b) I e III.
c) I, apenas.
d) II e III.

Países recentemente industrializados

13. (Desafio National Geographic/2012)

As pessoas gostam de chamar Cingapura de Suíça do Sudeste Asiático, e quem poderia contestá-las? Essa ilhota situada na ponta da península malaia conquistou sua independência da Grã-Bretanha em 1963 para, em apenas uma geração, se transformar em um lugar de legendária eficiência, em que a renda per capita de seus 3,7 milhões de cidadãos ultrapassa a de muitos países europeus.

Revista: *National Geographic Brasil*, edição n. 118, janeiro de 2010. p. 60-68.

Examine as afirmações a seguir relativas ao desenvolvimento econômico-social de Cingapura:

I. Apesar de contar com um dos portos mais movimentados do mundo, Cingapura mantém um regime político autoritário e uma economia fechada aos fluxos do mercado global.

II. O forte crescimento nos setores financeiro e imobiliário, aliado a baixas taxas de desemprego, está entre os pilares do desenvolvimento econômico no país.

III. O desenvolvimento de setores como educação, saúde, habitação e transportes urbanos é um legado do projeto colonial britânico na ilha asiática.

Contribui para explicar a atual condição de Cingapura o que foi afirmado em:

a) I e II.
b) II, apenas.
c) II e III.
d) I, apenas.

14. (Desafio National Geographic/2011)

O Produto Interno Bruto do mundo mais do que dobrou entre 1980 e 2009, passando de 29,8 trilhões de dólares para 72,5 trilhões de dólares. O desenvolvimento econômico na China e na Índia é responsável por grande parte do crescimento econômico recente e vai continuar a impulsioná-lo.

Adaptado de: Revista *National Geographic Brasil*, edição n. 130, janeiro de 2011. p. 49, 51 e 70.

Com base nos indicadores econômicos apresentados e suas repercussões, conclui-se que:

a) O crescimento econômico tem sido notável em países que integram o grupo do BRICS.
b) Temendo a concorrência, as superpotências impediram o crescimento de países emergentes.
c) Há evidente declínio econômico dos principais países emergentes, como os do BRICS.
d) A pobreza e as desigualdades sociais foram eliminadas nos países em desenvolvimento.

15. (Desafio National Geographic/2010)

Divisão percentual de gastos domésticos na Índia, 1995-2025 (projeção)

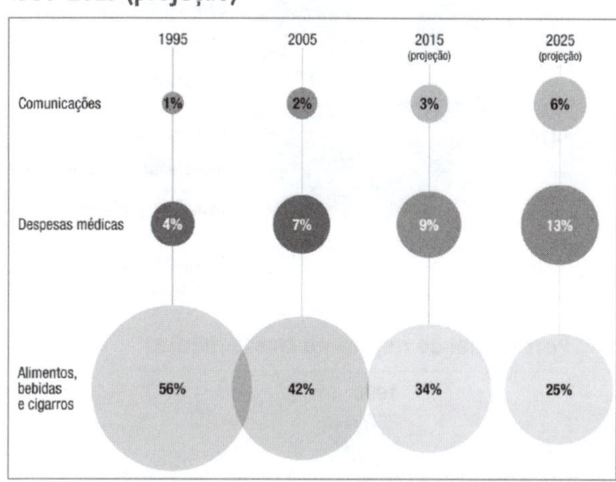

McKinsey Global Institute.

Analise as informações do quadro e do texto abaixo.

Com um número crescente de indianos ascendendo à classe média, uma porção maior da renda familiar média provavelmente será destinada a itens como celulares, acesso à internet e serviços médicos de melhor qualidade. Quando isso ocorrer, a alimentação vai representar um percentual menor dos gastos domésticos.

Em viagem à Índia, o jornalista catalão Jaume Sanllorente se surpreendeu com as condições precárias em que viviam as crianças da cidade de Bombaim e decidiu criar a ONG Sorrisos de Bombaim, para mudar essa realidade. Perguntado como a Índia surgiu em seu caminho, ele responde: "Cada pessoa é tocada por uma ou outra coisa de um lugar. A mim, a pobreza me impactou muito".

Vomero, Maria Fernanda. Jaume Sanllorente arranca sorrisos em Bombaim. Revista *Vida Simples* – 04/2010. Disponível em: <http://planetasustentavel.abril.com.br>. Acesso em: 29 jul. 2014.

As informações sobre a Índia contidas no quadro e no texto acima apresentam:

a) Semelhança – porque ambas ressaltam a discussão entre todas as castas sociais.
b) Contradição – porque há erros de abordagem do jornalista não especializado em ciências sociais.
c) Complementaridade – porque as duas realidades coexistem atualmente no país.
d) Divergência – porque não é factível reconhecer a coexistência de mudanças no padrão de consumo e a realidade da pobreza.

16. (Desafio National Geographic/2010)

Observe os gráficos abaixo, sobre condições sociais dos grupos segundo a cor/etnia da África do Sul. Dos 49 milhões de habitantes do país, hoje cerca de 79% são negros. O país tem o maior PIB do continente e sua economia pós-*apartheid* como um todo cresceu em parte porque investidores internacionais não mais discriminam o país.

População acima e abaixo da linha de pobreza*

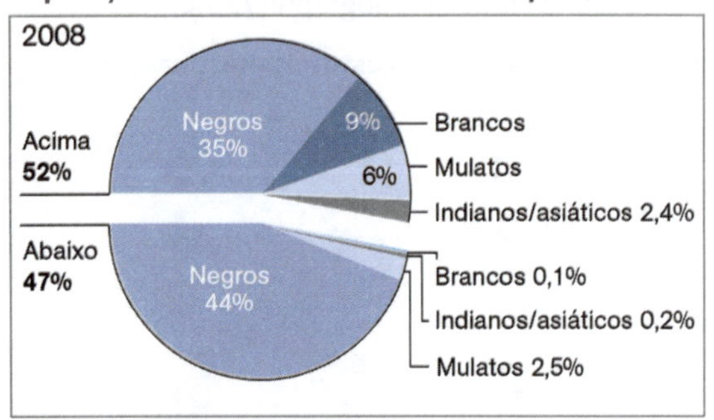

*502 rands (US$ 63) por pessoa/mês. As porcentagens não totalizam 100% por causa dos arredondamentos.

Porcentual de negros na classe média

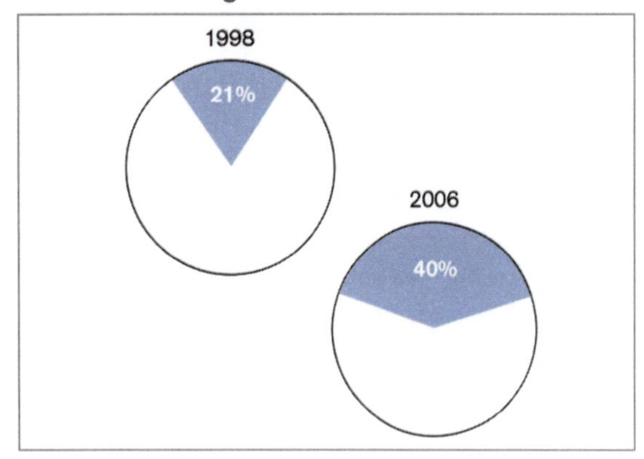

Desemprego – Em grupos raciais, 2009

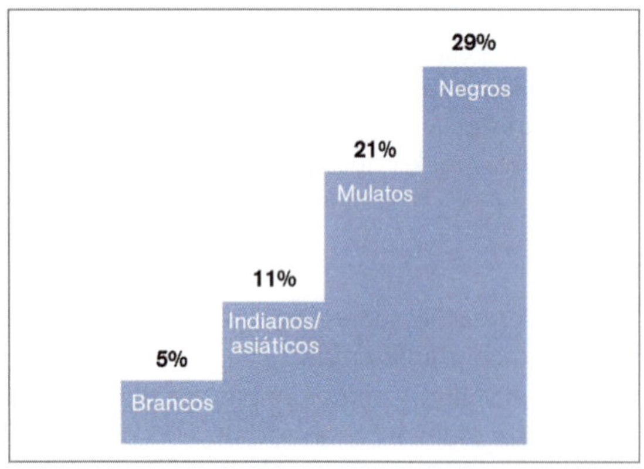

Gráficos: Universidade do Cabo; Indicadores de Desenvolvimento da África do Sul (2009). Em "Os filhos de Mandela". Revista *National Geographic Brasil*, edição n. 123, junho de 2010. p. 66-67.

A partir dos dados, considere as afirmações a seguir:

I. Com o fim do *apartheid* e o crescimento econômico do país, eliminaram-se as diferenças de renda entre brancos (antes os mais ricos) e negros (antes os mais pobres). A situação de grupos como os de origem asiática permaneceu estável diante das grandes mudanças políticas ocorridas no país.

II. A ampliação de direitos e liberdades democráticas e o vigoroso crescimento econômico do país nos últimos anos não foram capazes de promover melhorias nas condições de vida da população negra – hoje mais precárias do que nos tempos do *apartheid*.

III. Apesar do crescimento econômico nos últimos anos e do fim do *apartheid*, persistem as disparidades entre ricos e pobres, afetando em especial a população negra. Os negros do país ainda se encontram em desvantagem em relação aos brancos em quesitos como renda e emprego.

Está correto o que foi afirmado em:

a) I e III.

b) I, apenas.

c) I, II e III.

d) III, apenas.

17. (Desafio National Geographic/2010)

Quase todos os carros são brancos em Orânia. Já entre os motoristas não existe quase. São todos brancos mesmo. É um povoado de 700 pessoas fundado por brancos e que só aceita moradores brancos. "Viemos atrás do sonho de ter uma comunidade livre e segura. A África do Sul já foi um país de primeiro mundo há algumas décadas, mas infelizmente não podemos mais dizer isso", diz Andries van der Berg, um oraniano de 24 anos. (...)

Em Orânia os muros também são invisíveis. Não há cancela com seguranças impedindo negros de entrar. Também nem seria permitido. A Constituição sul-africana mais recente, de 1993, transformou o racismo em crime. Se é assim, então, como Orânia é possível? Porque juridicamente esse povoado não é uma cidade, mas uma empresa. O lugar em si está subordinado a um município de verdade, Hopetown. Não tem prefeito próprio. Mas tem presidente. E os moradores são os acionistas. Ao comprar uma casa lá, você vira sócio. Como qualquer empresa tem liberdade para recusar sócios, Orânia fica com autonomia para decidir quem pode e quem não pode viver lá, como se fosse um governo de verdade.

Felipe Lessa. O *apartheid* morreu? Não... Em: *Planeta Sustentável*. Disponível em: <http://planetasustentavel.abril.com.br/noticia/cultura/africa-sul-racismo-apartheid-estilo-vida-orania-superinteressante-547124.shtml>.

Com base no texto, é correto afirmar sobre o *apartheid* na África do Sul que:

a) A política segregacionista promovida pelo Estado continua sendo aplicada.

b) Apesar do fim do *apartheid*, existem grupos que mantêm a lógica segregacionista.

c) Após o fim da política que separava brancos e negros em seu território, o preconceito racial desapareceu completamente.

d) A legislação racista foi mantida até o fim da Segunda Guerra Mundial, quando o racismo se tornou crime.

18. (Desafio National Geographic/2009)

Para a classe média emergente da China, essa é uma era de aspirações – mas também um tempo de ansiedades. As oportunidades multiplicaram-se, mas aproveitá-las sem fracassar envolve muitas pressões, e cada nova aquisição parece vir embrulhada em desapontamento por não ser a mais nova e melhor. Um apartamento renovado poucos anos atrás parece antigo. Ter um telefone celular sem tela colorida ou câmera de vídeo é um vexame. A liberdade nem sempre é libertadora para as pessoas que cresceram em uma sociedade socialista estável. Por vezes tem-se a impressão de ser uma luta sem fim para não ficar para trás. Um estudo demonstrou que 45% dos chineses residentes em cidades estão com a saúde em risco devido ao estresse.

CHANG, Leslie. A nova classe média. Revista *National Geographic Brasil*. São Paulo: Abril, ed. 98, maio 2008. p. 74.

As transformações que ocorrem na China desde as últimas décadas do século 20 indicam que:

a) O comunismo deixou de existir no país para que a sociedade capitalista florescesse.

b) A sociedade de consumo ganhou espaço e rompeu com o modo de vida implantado com a revolução comunista.

c) A China sofreu intenso processo de ruralização e desindustrialização com a expansão do comunismo.

d) O domínio do comunismo em detrimento da economia de mercado levou ao estresse da população.

O comércio internacional e os principais blocos regionais

19. (Desafio National Geographic/2012)

Imigrantes na União Europeia por região de origem, em 2009

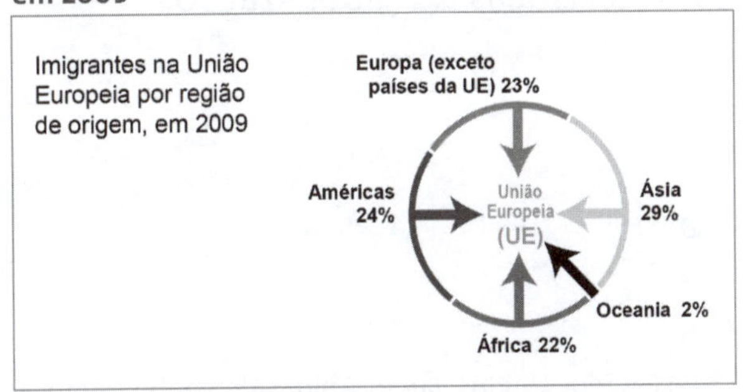

National Geographic Brasil, edição n. 144, março de 2012. p. 98.

Com base nos dados representados no gráfico, considere as afirmações a seguir:

I. Marcados por grande emigração no passado, diversos países da União Europeia converteram-se em destino de imigrantes de diferentes partes do mundo.

II. Diante da proximidade geográfica e das afinidades culturais, a maior parte dos imigrantes que chegam aos países da atual União Europeia vem hoje do Leste Europeu, em especial de ex-repúblicas soviéticas.

III. Os imigrantes têm se revelado um motor do crescimento populacional em países da União Europeia. Entretanto, as atuais dificuldades econômicas em alguns desses países podem reforçar a xenofobia.

IV. Em razão da demanda por mão de obra, vários países da atual União Europeia estimularam a presença de imigrantes nos anos 1950 e 1960. Por exemplo, a França recebeu muitos marroquinos e argelinos e a Alemanha recrutou milhares de trabalhadores turcos.

Sobre o tema em questão, está correto o que foi afirmado em:

a) I, II, III e IV.

b) II, III e IV.

c) I, II e III.

d) I, III e IV.

Respostas

Desenvolvimento do capitalismo

1. B
2. E
3. D
4. B
5. B
6. A
7. C
8. B
9. D
10. D
11. C
12. C
13. A
14. A

15. a) A perda de dinamismo da economia americana se deve a diversas causas internas e externas. O aumento dos gastos com armas desde o governo Reagan, agravado recentemente pelo envolvimento do país nas guerras do Iraque e Afeganistão, eleva o endividamento do país e compromete os investimentos em outros setores. A perda de competitividade da indústria, como resultado, entre outros fatores, do elevado custo da mão de obra, tem levado ao deslocamento de investimentos para outros países, com destaque para a China, que se transformou na "fábrica do mundo".

    b) A crise começou no mercado imobiliário norte-americano em 2007/2008 com a elevação dos créditos do chamado mercado *subprime*. O alto grau de alavancagem dos bancos norte-americanos e a inadimplência crescente dos chamados "ninjas" detonou a crise no sistema financeiro, especialmente a partir de setembro de 2008, quando ocorreu a quebra do banco Lehman Brothers. Com as crescentes dificuldades de financiamento, a crise acabou atingindo a economia real, provocando recessão em praticamente todos os países desenvolvidos e em alguns emergentes. A crise acabou atingindo a Europa nos dois anos seguintes, especialmente os governos mais endividados de países como Grécia, Irlanda e Portugal.

16. a) Antes mesmo da eclosão da crise financeira, a Grécia já vinha gastando mais do que arrecadava, o que provocou uma elevação de sua dívida pública, tanto interna quanto externa. Com a chegada da crise financeira à Europa, os bancos credores aumentaram as taxas de juros para financiar o passivo grego, elevando ainda mais o endividamento do país. A escassez de dinheiro acabou afetando a economia real, mergulhando-a numa profunda recessão que provocou um grande aumento do desemprego. Os números finais, como mostram as tabelas da página 302 do livro do aluno, são ainda piores do que os que aparecem no enunciado da questão. Em 2011, segundo o FMI, o PIB grego encolheu 6,9% e o desemprego atingiu 17,3% da PEA.

    b) PIIGS é um acrônimo pejorativo surgido no mercado financeiro para classificar os países europeus meridionais, cujas economias estavam mais vulneráveis e por isso foram mais atingidos pela crise. São eles: Portugal, Itália, Irlanda, Grécia e Espanha (o "S" vem de *Spain*, grafia em inglês).

Características da globalização

1. B
2. C
3. D
4. B
5. B
6. B
7. C
8. B
9. A
10. B
11. C
12. A

13. a) Estados Unidos, Japão, China, Alemanha e França são os cinco mais importantes países-sede de empresas transnacionais. A China aumentou muito sua participação no processo de internacionalização dos investimentos produtivos e suas empresas cresceram muito: em 2013, o país possuía 89 empresas entre as 500 maiores do mundo da *Fortune*, superando o Japão, com 62, só perdendo para os Estados Unidos, com 132 empresas.

    b) Na atual etapa da expansão capitalista, conhecida como globalização, as empresas transnacionais procuram instalar filiais em países que apresentam:

    - baixo risco econômico e político;
    - mercado consumidor potencial;
    - custos baixos de produção garantidos por mão de obra barata, porém relativamente qualificada, incentivos fiscais, leis ambientais e legislação trabalhista menos rigorosas, etc.

14. Entre as manifestações da hegemonia dos Estados Unidos no campo cultural pode-se apontar a difusão pelo mundo de seu estilo de vida, hábitos e costumes (o *american way of life*) seja por meio de seus produtos industriais e de serviços – programas de computadores, *videogames*, redes de *fast-food*, etc. –, seja por meio dos produtos de sua indústria cultural – noticiários da CNN, filmes de Hollywood, séries de televisão, músicas, etc. –, ou por meio da difusão do inglês, transformado em língua franca dos negócios, da ciência, do turismo e a mais utilizada na internet. No campo geopolítico-militar, os Estados Unidos são responsáveis por quase metade dos gastos com armas no mundo (2010) e o país ainda se mantém na vanguarda tecnológica. Vale lembrar, no entanto, que em vários lugares do mundo aparecem movimentos de resistência à hegemonia norte-americana.

Classificação de países

1. B
2. C
3. B
4. D
5. C
6. A
7. A
8. a) Os dois centros hegemônicos da atual economia informacional são os Estados Unidos e o Japão. Isso se deve à liderança desses países, sobretudo do primeiro, na atual Revolução Técnico-Científica. Esses dois países são os que mais investem em pesquisa e desenvolvimento e sediam a maioria das grandes corporações transnacionais.

   b) Essa região da África é a porção mais marginalizada do espaço geográfico mundial, agora organizado em redes por meio das quais circulam crescentes fluxos de capitais, mercadorias, pessoas e informações. Isso se deve ao baixo grau de desenvolvimento dos países dessa região, à carência de infraestrutura ou do baixo desenvolvimento do meio técnico-científico-informacional (para usar a terminologia do geógrafo Milton Santos), ao baixo poder aquisitivo da população, entre outros problemas. Agravando a penúria desses países, muitos vivem guerras civis e conflitos étnicos que contribuem para fragilizar os Estados (por isso são chamados de "Estados fracassados"), destruir a já precária infraestrutura econômica e afugentar ainda mais possíveis investimentos estrangeiros.

9. Com base na observação do mapa constatamos que a região geográfica onde se concentra a maioria dos países classificados como desesperadamente pobres é a África Subsaariana, com destaque para países de grande população como a Nigéria, a República Democrática do Congo, a Etiópia, o Sudão e o Sudão do Sul (independente em 2011). A região onde se concentra a maioria das pessoas muito pobres é a Ásia do Sul, com destaque para a Índia, o país com o maior número de habitantes vivendo abaixo da linha internacional de pobreza.
   Os elementos geográficos (e também históricos) que justificam esta pobreza estão relacionados com a herança colonial (todos esses países foram colônias europeias até meados do século XX), concentração de renda, carência de infraestrutura (como saneamento básico) e de serviços públicos (educação e saúde), agravados por questões ambientais (sobretudo secas, desertificações e inundações) e políticas – Estados frágeis dominados por regimes ditatoriais e constantes guerras civis.

Ordem mundial

1. A
2. B
3. B
4. A
5. B
6. A
7. A
8. A
9. C
10. B
11. D
12. B
13. a) A Guerra Fria foi um período marcado pela bipolarização político-ideológica entre Estados Unidos e União Soviética e estendeu-se do imediato pós-Guerra até o início dos anos 1990. Esse período se caracterizou por pesados investimentos na corrida armamentista e espacial, feitos pelas duas superpotências, e pela criação de alianças militares como a Otan e o Pacto de Varsóvia, delimitando suas respectivas áreas de influência.

    b) A queda do muro de Berlim marcou o fim da Guerra Fria, mas com a emergência da globalização outros muros foram erguidos. No contexto da globalização foram criados blocos econômicos para integrar as economias dos países-membros, como, por exemplo, o Nafta, um acordo de livre-comércio entre os três países da América do Norte que elimina as barreiras comerciais entre eles, no entanto, impede a livre circulação de pessoas. O muro na fronteira entre o México e os Estados Unidos foi construído para dificultar a entrada de mexicanos em território norte-americano.

14. A chamada Nova Ordem Mundial teve início após a queda do Muro de Berlim (1989) e o fim da União Soviética (1991), fatos que selaram o fim da Guerra Fria e do mundo bipolar. A tese de um mundo unipolar seria justificada pela dominância dos Estados Unidos como principal potência militar, econômica e tecnológica, com poder muito superior às demais potências. A tentativa de tornar o mundo unipolar ficou evidente com a reação dos Estados Unidos aos atentados de 2001, principalmente com base na ideia de "guerra preventiva" (Afeganistão e Iraque) e no desrespeito à ONU. Porém, hoje em dia predomina a tese de que o mundo é cada vez mais multipolar e isso ficou evidente pelas dificuldades dos Estados Unidos no campo geopolítico e pela grave crise que enfrentou a partir de 2008. Além dos Estados Unidos (principal potência militar, mas com declínio econômico relativo), existem outras potências tradicionais como Japão, Alemanha, Reino Unido e França, mas também com dificuldades econômicas devido à crise. E, nos anos 2000, ficou patente o crescimento das potências emergentes, a exemplo do grupo BRICS (Brasil, Rússia, Índia, China e África do Sul). Aqui o grande destaque é para a China, país que mais vem crescendo desde 1980 e que já se tornou a segunda economia e o maior exportador do mundo. Paralelamente ao fortalecimento econômico, o país tem se fortalecido do ponto de vista militar, aumentando seu poder no mundo.

15. a) Uma das principais consequências políticas dos atentados de 11 de setembro de 2001 foi o aprofundamento do unilateralismo do governo de George W. Bush e o estabelecimento de uma doutrina geopolítica que levou seu nome. A Doutrina Bush classificava os países hostis aos Estados Unidos num suposto "Eixo do Mal" e desprezava a ONU, passando a adotar medidas unilaterais, como a invasão do Iraque em 2003. Na mesma lógica da "Guerra ao Terror", o Afeganistão foi invadido logo após o atentado e começou uma caçada a Osama bin Laden, que supostamente estava escondido no país sob a proteção dos Talibãs. Esse regime foi deposto e Bin Laden morto em 2011. Do ponto de vista econômico, a "Guerra ao Terror" elevou os gastos públicos e o endividamento dos Estados Unidos, contribuindo para fragilizar sua economia, especialmente com a eclosão da crise de 2008.

    b) Uma consequência cultural foi o aumento do preconceito e da intolerância, em grande parte difundida pela mídia norte-americana e europeia, com relação aos árabes e à religião islâmica (vale lembrar, no entanto, que nem todo árabe é muçulmano e o maior país islâmico do mundo, a Indonésia, não é árabe). Esse aumento da intolerância provocou desde manifestações de xenofobia até um endurecimento das políticas de controle de imigração adotadas por muitos países ocidentais. Por outro lado, provocou um aumento do sentimento antiamericano em grande parte do mundo, especialmente no Oriente Médio e Norte da África, áreas em que se concentra a maioria dos países árabe-muçulmanos.

16. Na época da Guerra Fria, marcada pelo conflito bipolar, Leste era sinônimo de socialismo, de zona de influência soviética, e Oeste remetia à área capitalista influenciada pelos Estados Unidos. A nova ordem é regida pelo conflito Norte-Sul, marcado pelo antagonismo socioeconômico, e muitas vezes político, entre os países desenvolvidos, também chamados de países do "Norte", e os países em desenvolvimento, ou do "Sul". Vale lembrar que assim como a antiga classificação não contemplava adequadamente todos os países, tanto que existia um movimento de países não alinhados, essa nova também não contempla. Hoje há países muito poderosos e influentes, como os do grupo BRICS, que são classificados como países do "Sul". Sem contar que há países do "Sul" no hemisfério norte e países do "Norte" no hemisfério sul.

Conflitos armados

1. A
2. A soma é 22.
3. B
4. E
5. B
6. C
7. A
8. C
9. D
10. E
11. C
12. O Estado-nação é uma unidade política que compõe a organização territorial do espaço geográfico mundial, é a base do sistema internacional de poder. Um Estado é composto de um território delimitado por fronteiras, um governo e um povo. Perceba que aqui o conceito de povo é jurídico-político e não antropológico, é sinônimo de cidadão, que é o habitante com

direitos políticos. Todo Estado tem uma população, mas esse conceito é estatístico e pode contabilizar pessoas que não têm direitos plenos de cidadania, por exemplo, imigrantes ilegais. O conceito de nação, sob o ponto de vista jurídico-político, é sinônimo de Estado, tanto que a ONU, o principal fórum do sistema internacional de Estados, significa Organização das Nações Unidas. O conceito de nação, sob o ponto de vista antropológico, é sinônimo de etnia e de povo (esse conceito também tem dois sentidos); é raro encontrar um Estado uninacional, a maioria deles é plurinacional. Ou seja, é muito difícil a nação (antropológica) coincidir com os limites da nação (jurídico-política), isto é, do Estado.
A importância do Estado reside no reconhecimento da unidade político-territorial de um povo, dando-lhe legitimidade nas relações políticas e comerciais no sistema internacional de nações.

13. a) O fim da União Soviética, portanto, o fim do controle de Moscou, favoreceu o surgimento de movimentos separatistas de etnias minoritárias que durante décadas foram oprimidas pelos russos, a etnia majoritária na antiga URSS.

    b) O país reconheceu a independência da Ossétia do Sul, uma província da Geórgia, e lhe deu apoio militar ao expulsar as tropas georgianas que a tinham ocupado. A atitude russa foi uma demonstração de força e uma represália aos Estados Unidos e à União Europeia que reconheceram a independência do Kosovo no mesmo ano.

    c) No Cáucaso, há movimentos separatistas na Chechênia (Rússia) e na Abkhazia (Geórgia).

14. a) I. A independência da maioria dos países africanos ocorreu após a Segunda Guerra Mundial (1939-1945), desde a década de 1950 até a de 1970.

    II. A Organização de Unidade Africana (OUA) a partir de 2002 passou a se denominar União Africana (UA). A principal iniciativa da nova organização foi a criação de um Conselho de Paz e Segurança, objetivando intervir nos conflitos étnicos dos países africanos. Por exemplo, em 2010, tropas da UA atuavam no Sudão juntamente com as forças da ONU, por meio da Unamid.

    b) 1. Sudão (muçulmanos × cristãos e animistas); 2. Ruanda e República Democrática do Congo (hutus × tútsis). Poderia ser mencionada ainda a Nigéria (hauçás × ibos), entre outros.

    c) *Apartheid* foi um regime de segregação racial existente na África do Sul entre 1948 e 1994. Os negros eram explorados pelo aparelho estatal controlado pelos brancos (*afrikaners*), viviam confinados em guetos e não tinham direitos políticos. Desde 1994, com a eleição de Nelson Mandela, o *apartheid* foi extinto.

A geografia das indústrias

1. D
2. D
3. C
4. B
5. A
6. E
7. A
8. C
9. B
10. C
11. O modelo 1 é o fordismo, originário dos Estados Unidos na fábrica de automóveis de Henry Ford, caracterizado pela linha de montagem, trabalhadores muito especializados em funções específicas, produção em escala e formação de grandes estoques de mercadorias.

    O modelo 2 é o toyotismo, originário do Japão, na fábrica de automóveis da Toyota, caracterizado por trabalhadores com múltiplas funções, maior produtividade do trabalho, melhor controle de qualidade das mercadorias, produção em escopo, conforme a demanda do mercado consumidor.

12. a) A criação dos centros de inovação tecnológica ou tecnopolos, ou ainda parques científicos, foi favorecida pelo advento da Revolução Técnico-Científica ou Terceira Revolução Industrial. Nessas novas regiões industriais concentram-se indústrias intensivas em conhecimento, por isso em geral se localizam em torno de importantes universidades ou centros de pesquisa, que suprem as empresas com P&D (Pesquisa e Desenvolvimento) e mão de obra qualificada.

    b) O tecnopolo identificado no sudoeste dos Estados Unidos é o Vale do Silício, no norte da Califórnia, e a região de Los Angeles, no sul. Nesses tecnopolos, especialmente no Vale do Silício, concentram-se indústrias de alta tecnologia com destaque para a microeletrônica e a de tecnologias da informação (TI), que orbitam importantes centros de pesquisas e universidades. Aí também se concentram diversos laboratórios privados de muitas empresas.

13. a) Produtos/mercadorias originários da agropecuária, da indústria ou do setor terciário podem aumentar o valor agregado utilizando-se de inovação tecnológica (o que implica investimento em P&D) e mão de obra altamente

qualificada. Por isso esses produtos atingem preços mais elevados no mercado.

b) Entre os produtos com alto valor agregado estão: *softwares* e sistemas de TI; computadores, *tablets* e *smartphones*, produtos da indústria aeronáutica e aeroespacial; produtos biotecnológicos, entre outros.

c) Entre os produtos com baixo valor agregado estão as *commodities* agropecuárias, energéticas e minerais, como trigo, soja, açúcar, petróleo, minério de ferro, de alumínio, entre outros.

14. Flexibilidade, internacionalização e terceirização são conceitos usualmente associados à atual etapa informacional do capitalismo marcada pela expansão conhecida como globalização. Nessa etapa houve uma gradativa substituição da produção fordista pela produção flexível, gerando transformações nas relações trabalhistas e nos sistemas de produção. Enquanto o fordismo era marcado pela rigidez no processo de produção e nas relações de trabalho, o sistema flexível implantou o conceito de flexibilidade no trabalho, na produção e no consumo, cujas implicações podem ser observadas no texto 2. Ele chama a atenção para a precarização das relações de trabalho com a subcontratação e a terceirização da produção em escala mundial e a superexploração dos trabalhadores de países em desenvolvimento. No texto 1 essa flexibilidade, aplicada à produção, caracteriza a mobilidade geográfica dos investimentos com o crescimento de empresas transnacionais, como é o caso da Zara e outras lojas da Inditex, que se estabelecem em diversos países.

Países pioneiros no processo de industrialização

1. D
2. B
3. A
4. A
5. A
6. B
7. D

Países de industrialização tardia

1. C
2. Resposta: V, V, F, V.
3. E
4. a) Tecnopolo é um centro industrial que congrega empresas de alta tecnologia: informática, telecomunicações, biotecnologia, robótica, etc. Os tecnopolos se desenvolveram em torno de importantes universidades e centros de pesquisa porque seu fator locacional mais importante é a mão de obra altamente qualificada. São centros de produção e desenvolvimento tecnológico típicos da Terceira Revolução Industrial, por isso estão concentrados predominantemente em países desenvolvidos, embora haja cada vez mais também em países emergentes.

   b) O mais antigo tecnopolo e ainda o mais importante e dinâmico do mundo é o Vale do Silício no norte da Califórnia, Estados Unidos. Outros exemplos em países desenvolvidos: Tsukuba (Japão), Munique (Alemanha), Cambridge (Reino Unido), entre outros. No Brasil, os mais importantes tecnopolos encontram-se no estado de São Paulo: na região de Campinas, em torno da Unicamp (Universidade de Campinas), em São José dos Campos, em torno do ITA (Instituto Tecnológico da Aeronáutica) e do INPE (Instituto Nacional de Pesquisas Espaciais), e em São Paulo, em torno da USP (Universidade de São Paulo), mas há muitos outros espalhados pelo país.

Países de industrialização planificada

1. C
2. D
3. B
4. E
5. C
6. E

Países recentemente industrializados

1. D
2. A soma é 73.
3. Resposta: V, V, F, F, V.
4. B
5. E
6. a) Entre os principais emergentes estão países do grupo BRICS: além do Brasil (América), a Rússia (Europa/Ásia), Índia (Ásia), China (Ásia) e África do Sul (África). Outras possibilidades são: Indonésia, Turquia e Arábia Saudita (Ásia), México e Argentina (América) e Polônia (Europa).

   b) Os emergentes pertencem ao grupo de países em desenvolvimento, são relativamente industrializados e possuem amplos mercados consumidores. Podem ser considerados países semiperiféricos: ainda não são desenvolvidos, pois apresentam muitos problemas sociais, mas também não são periféricos como os países pobres (menos desenvolvidos, no jargão da ONU). A China já ocupa uma posição de centralidade nos campos econômico e financeiro, mas socialmente o país ainda apresenta problemas e está distante do mundo desenvolvido.

c) Os países emergentes vêm apresentando redução da taxa de natalidade e aumento da expectativa de vida. Muitos estão vivendo um período chamado de "janela demográfica", o que facilita o desenvolvimento. A proporção dos jovens diminuiu e a de adultos aumentou, o que eleva a população economicamente ativa e favorece o crescimento da economia. O número de idosos vem crescendo, mas sua participação na população ainda é bem inferior em comparação com os países desenvolvidos, que por isso têm enfrentado problemas como a escassez de mão de obra e o alto custo do sistema previdenciário.

7. Características do modelo de industrialização dos países latino-americanos que ficou conhecido como "substituição de importações":
   - produção industrial voltada ao mercado interno, diminuindo as importações: os investimentos estatais se concentraram em indústrias de base e em infraestrutura e os investimentos privados em indústrias de bens de consumo;
   - grande parte dos recursos externos para financiar a construção da infraestrutura foi obtida por meio de empréstimos (sobretudo nos anos 1970), o que levou ao aumento do endividamento e gerou uma crise econômica nos anos 1980, reduzindo o crescimento do PIB.

   Motivos que explicam o melhor desempenho dos Tigres:
   - baixo endividamento externo, ou seja, os recursos para o desenvolvimento foram predominantemente obtidos de poupança interna;
   - implantação de Estado mais eficiente, o que permitiu manter a inflação sob controle e aumentar a produtividade da economia;
   - melhor distribuição de renda e maiores investimentos em educação (em comparação com os países latino-americanos), o que permitiu a ampliação do mercado interno e a melhoria das condições de vida da população.

O comércio internacional e os principais blocos regionais

1. B
2. A soma é 19.
3. A
4. C
5. D
6. C
7. A
8. Considerando o volume de capital mobilizado no comércio internacional, destacam-se a Europa Ocidental (onde estão os 28 países da União Europeia), a América do Norte (onde estão os três países do Nafta, com destaque para os Estados Unidos, maior economia e segundo exportador mundial) e o Sudeste Asiático/Oceania (onde estão a China, segunda economia e maior exportadora mundial, além de Japão, Tigres Asiáticos e Austrália). São as regiões mais dinâmicas no comércio mundial, pois abrigam países desenvolvidos e emergentes que dispõem de amplos mercados consumidores. O maior volume nas transações comerciais entre essas regiões deve-se também à grande participação de produtos de alto valor agregado no comércio entre a América do Norte, a União Europeia e a Ásia.

   A Europa Ocidental, com destaque aos países da União Europeia, é grande exportadora de produtos industrializados, sobretudo de média e de alta tecnologias, onde se destacam países como a Alemanha e a França. A maior parte do comércio é intrabloco, isto é, realizada entre os próprios países da região. Já na América do Sul e Caribe o volume das transações comerciais é bem menor e a maior parte do comércio é realizada com países de fora da região. Destacam-se as exportações de *commodities* minerais, agrícolas e energéticas para países desenvolvidos e emergentes. Um exemplo dessa inserção são as exportações brasileiras para a China, em que predominam produtos primários como minério de ferro e soja.

Desafio

1. D
2. C
3. C
4. B
5. A
6. D
7. A
8. A
9. C
10. D
11. D
12. D
13. B
14. A
15. C
16. D
17. B
18. B
19. D

Significado das siglas

Aman-RJ: Academia Militar das Agulhas Negras (Rio de Janeiro)
Cefet-MG: Centro Federal de Educação Tecnológica de Minas Gerais
Cefet-RJ: Centro Federal de Educação Tecnológica do Rio de Janeiro
Cesesp-PE: Centro de Seleção ao Ensino Superior de Pernambuco
Cesgranrio-RJ: Centro de Seleção de Candidatos ao Ensino Superior do Grande Rio (Rio de Janeiro)
CTA-SP: Centro Técnico Aeroespacial (São Paulo)
EEM-SP: Escola de Engenharia de Mauá (São Paulo)
Efei-MG: Escola Federal de Engenharia de Itajubá (Minas Gerais)
Enade: Exame Nacional de Desempenho dos Estudantes
Enem: Exame Nacional do Ensino Médio
ESPM-SP: Escola Superior de Propaganda e Marketing (São Paulo)
Faap-SP: Fundação Armando Álvares Penteado (São Paulo)
Fatec-SP: Faculdade de Tecnologia de São Paulo
FCC: Fundação Carlos Chagas
FCL-SP: Fundação Cásper Líbero (São Paulo)
Fecap-SP: Fundação Escola de Comércio Álvares Penteado (São Paulo)
FEI-SP: Centro Universitário da Faculdade de Engenharia Industrial (São Paulo)
Fesb-SP: Fundação Municipal de Ensino Superior de Bragança Paulista (São Paulo)
FGV-SP: Fundação Getúlio Vargas (São Paulo)
FOC-SP: Faculdade Oswaldo Cruz (São Paulo)
Fumec-MG: Fundação Mineira de Educação e Cultura (Minas Gerais)
Furg-RS: Fundação Universidade Federal do Rio Grande (Rio Grande do Sul)
Fuvest-SP: Fundação Universitária para o Vestibular (São Paulo)
Ibemec-RJ: Instituto Brasileiro de Mercados e Capitais (Rio de Janeiro)
Ifal: Instituto Federal de Alagoas
IFCE: Instituto Federal de Educação, Ciência e Tecnologia do Ceará
IFSP: Instituto Federal de Educação, Ciência e Tecnologia
IME-RJ: Instituto Militar de Engenharia (Rio de Janeiro)
Insper-SP: Ensino e Pesquisa nas áreas de negócio e economia (São Paulo)
ITA-SP: Instituto Tecnológico de Aeronáutica (São Paulo)
Mack-SP: Universidade Presbiteriana Mackenzie (São Paulo)
PUC-MG: Pontifícia Universidade Católica de Minas Gerais
PUC-PR: Pontifícia Universidade Católica do Paraná
PUC-RJ: Pontifícia Universidade Católica do Rio de Janeiro
PUC-RS: Pontifícia Universidade Católica do Rio Grande do Sul
PUC-SP: Pontifícia Universidade Católica de São Paulo
PUCC-SP: Pontifícia Universidade Católica de Campinas (São Paulo)
Ucsal-BA: Universidade Católica de Salvador (Bahia)
Udesc: Universidade do Estado de Santa Catarina
UEA-AM: Universidade do Estado do Amazonas
UECE: Universidade Estadual do Ceará
UEG-GO: Universidade Estadual de Goiás
UEL-PR: Universidade Estadual de Londrina (Paraná)
UEM-PR: Universidade Estadual de Maringá (Paraná)
UEMS: Universidade Estadual de Mato Grosso do Sul
UEPA: Universidade do Estado do Pará
UEPB: Universidade Estadual da Paraíba
UEPG-PR: Universidade Estadual de Ponta Grossa (Paraná)
Uergs-RS: Universidade Estadual do Rio Grande do Sul
UERJ: Universidade do Estado do Rio de Janeiro
UERN: Universidade do Estado do Rio Grande do Norte
UESC-BA: Universidade Estadual de Santa Cruz (Bahia)
Uespi: Universidade Estadual do Piauí
Ufal: Universidade Federal de Alagoas
Ufam: Universidade Federal do Amazonas
UFBA: Universidade Federal da Bahia
UFC-CE: Universidade Federal do Ceará
UFES: Universidade Federal do Espírito Santo
UFF-RJ: Universidade Federal Fluminense (Rio de Janeiro)
UFG-GO: Universidade Federal de Goiás
UFJF-MG: Universidade Federal de Juiz de Fora (Minas Gerais)
UFMG: Universidade Federal de Minas Gerais
UFMS: Universidade Federal de Mato Grosso do Sul
UFMT: Universidade Federal de Mato Grosso
Ufop-MG: Universidade Federal de Ouro Preto (Minas Gerais)
UFPA: Universidade Federal do Pará
UFPB: Universidade Federal da Paraíba
UFPE: Universidade Federal de Pernambuco
UFPel-RS: Universidade Federal de Pelotas (Rio Grande do Sul)
UFPI: Universidade Federal do Piauí
UFPR: Universidade Federal do Paraná
UFRGS-RS: Universidade Federal do Rio Grande do Sul
UFRJ: Universidade Federal do Rio de Janeiro
UFRN: Universidade Federal do Rio Grande do Norte
UFRR: Universidade Federal de Roraima
UFS-SE: Universidade Federal de Sergipe
UFSC: Universidade Federal de Santa Catarina
Ufscar-SP: Universidade Federal de São Carlos (São Paulo)
UFSJ-MG: Universidade Federal de São João del-Rei
UFSM-RS: Universidade Federal de Santa Maria (Rio Grande do Sul)
UFT-TO: Universidade Federal do Tocantins
UFTM-MG: Universidade Federal do Triângulo Mineiro (Minas Gerais)
UFU-MG: Universidade Federal de Uberlândia (Minas Gerais)
UFV-MG: Universidade Federal de Viçosa (Minas Gerais)
Unaerp-SP: Universidade de Ribeirão Preto (São Paulo)
UnB-DF: Universidade de Brasília (Distrito Federal)
Uneb-BA: Universidade do Estado da Bahia
Unesp-SP: Universidade Estadual Paulista "Júlio de Mesquita Filho" (São Paulo)
Unicamp-SP: Universidade Estadual de Campinas (São Paulo)
Unifap-PA: Universidade Federal do Amapá (Pará)
Unifesp: Universidade Federal do Estado de São Paulo
Unimontes-MG: Universidade Estadual de Montes Claros
Unioeste-PR: Universidade Estadual do Oeste do Paraná
UPE: Universidade de Pernambuco
UPF-RS: Universidade de Passo Fundo (Rio Grande do Sul)
USF-SP: Universidade São Francisco (São Paulo)
UTFPR: Universidade Tecnológica Federal do Paraná